WUNDERWERK HUNDEKÖRPER

Mit Beiträgen von Tierärzten

Lena Schwarz

Hrsg. DER HUND
DER HUND Wissen

So funktionieren Organe und Bewegungsapparat

Müller Rüschlikon

Einbandgestaltung: R2 | Ravenstein, Verden

Titelbild und Foto auf der Umschlagrückseite: Made/stock.adobe.com; Karsten Skrabal

ISBN 978-3-275-02308-0

Postfach 103743, 70032 Stuttgart
Ein Unternehmen der Paul Pietsch Verlage GmbH & Co. KG

1. Auflage 2024

Sie finden uns im Internet unter www.mueller-rueschlikon-verlag.de

Gesamtleitung: Claudia König
Lektorat: Redaktion DER HUND
Innengestaltung: r2 | Ravenstein, Verden
Druck und Bindung: Graspo CZ, 76302 Zlin
Printed in Czech Republic

INHALT

Foto: Lena Schwarz

VORWORT

Wissen Sie, wie Ihr Auto es schafft, von A nach B zu fahren? Oder wie Ihr Smartphone sich mit dem Internet verbindet? Also ich könnte es nicht erklären. Sollten sich unsere Fahrzeuge mal weigern, uns zu befördern, oder die Mobiltelefone streiken, sähen wir ziemlich alt aus. Aber zum Glück gibt es ja Fachleute, die helfen können – oder zur Not kaufen wir ein neues Modell.

Unsere Hunde wollen wir natürlich nicht austauschen, wenn sie ein Problem haben – und Leid wollen wir ihnen selbstverständlich ersparen. Das ist manchmal gar nicht so einfach, sind doch viele Hunde Meister darin, Schmerzen zu verbergen. Wir sind daher gefragt, zu verstehen, was in ihnen passiert – und uns bei Abweichungen vom Status quo an Experten zu wenden.

In diesem Buch erfahren Sie, was im Körper Ihres Lieblings vor sich geht und wie das dazu beiträgt, dass er hoffentlich jeden Tag aktiv und glücklich an Ihrer Seite verbringen kann.

Mein herzlicher Dank gilt allen Fachleuten, die mit ihrem umfangreichen Wissen beigetragen haben: Dr. Marie-Cécile von Doernberg, Dr. Ingrid Allgoewer, Dr. Cornelia Fittschen, Dr. Martin Bucksch, Dr. Maren Dölle, Dr. Alexandra Keller, Doris Walder, Eva Holderegger Walser, Prof. Dr. Andrea Fischer, Prof. Dr. Gerhard Wess, Prof. Dr. Andrea Meyer-Lindenberg, Dr. Astrid Wehner, Dr. Roswitha Dorsch, Dr. Stefan Unterer, Dr. Kathrin Busch und Apl. Prof. Dr. Bernd Schröder.

Entdecken wir gemeinsam eine spannende Welt!

Lena Schwarz

Foto: Lena Schwarz

Kapitel

1

DIE SINNES-ORGANE

Hund und Mensch leben miteinander und bewegen sich durch dieselbe Umwelt – aber wie unterschiedlich nehmen wir diese über die Nase, Augen und Ohren wahr? Und was ergibt sich daraus für unser Zusammenleben – Zuhause, beim Spaziergang oder Training und Sport? Um unsere Tiere besser zu verstehen, lohnt sich ein Ausflug in die Welt ihrer Sinnesorgane und -wahrnehmung außerordentlich.

Legen wir mit der Schnauze – und damit der Atmung und dem bekanntermaßen hervorragenden Geruchssinn unserer Vierbeiner – los: Hund braucht Sauerstoff, Hund atmet Luft ein, Luft gelangt durch Nase in Lunge. Soweit, so simpel. Aber auf diesem Weg passiert einiges Spannendes! Aufmerksamkeit verdienen etwa die Nasenmuscheln. Diese kleinen Knochenlamellen, die teilweise stark aufgerollt sind und von der Nasenschleimhaut bedeckt werden, erfüllen wichtige Funktionen: »Die Nasenmuscheln verändern zum einen die Form des Luftstroms, den der Hund einatmet, von einem linearen zu einem turbulenten Strom. Das führt zu verstärktem Kontakt mit der Luft«, erklärt Dr. Marie-Cécile von Doernberg. Sie ist Diplomate ECVS, also europäische Spezialistin für Kleintierchirurgie, und seit 2015 ausschließlich in der HNO-Chirurgie tätig. »Noch dazu nutzen Hunde vor allem ihre oberen Atemwege, um sich abzukühlen – sie hecheln und ventilieren durch die Nase.« Dabei hilft, dass ihre Nasenmuscheln stärker verzweigt sind als unsere.

Die erste Stelle, an der weniger Luft passieren kann, sind die Nasenlöcher. »Darauf folgen zu dicke Nasenmuscheln, welche die Nasengänge einengen, ein zu langes und verdicktes Gaumensegel, verschiedene Grade von Kehlkopfkollaps sowie der zu kleine Durchmesser der Luftröhre«, zählt Dr. von Doernberg auf. Dabei – so sind sich Tiermediziner mittlerweile einig – führen die ersten 3 Engstellen erst dazu, dass der Kehlkopf auf Dauer kollabiert und somit eine weitere Stelle entsteht, an der die Atemluft stark behindert vorbeikommt.

Gemeinsam führen diese Verengungen dazu, dass in den oberen Atemwegen ein erhöhter Atemwiderstand herrscht. Das führt insbesondere beim Einatmen zu Problemen. Wie unangenehm das ist, können Sie selbst nachfühlen: »Halten Sie sich 2/3 beider Nasenlöcher zu«, sagt Dr. von Doernberg. »Dann lässt sich ziemlich gut erahnen, wie groß dieser Widerstand werden kann und wie viel Unterdruck entsteht – und das ist nur eine der Engstellen.«

Diagnose und Eingriff

»Je länger man mit der Behandlung wartet, desto wahrscheinlicher ist es, dass der Kehlkopf in Mitleidenschaft gezogen wird«, betont die Spezialistin. »Mein Eindruck ist, dass viele Züchter sich bemühen, dass ihre Hunde mehr Luft bekommen und die Nasenrücken länger werden«, freut sie sich. »Aber es braucht Zeit, bis sich eine Hunderasse verändert.« Um den in der Zwischenzeit betroffenen Hunden individuell operativ helfen zu können, ist eine gute Diagnostik sehr wichtig. »Dazu ist immer eine Narkose nötig, um Mundhöhle, Rachen und Kehlkopf gründlich untersuchen zu können«, erklärt die Expertin. Zudem ermöglicht ein CT des Schädels den genauen Blick auf die Nasenhöhlen, Nasennebenhöhlen und den Ausgang der Nase nach hinten. Zusätzlich ergänzt eine Endoskopie die Untersuchung. Mithilfe einer winzigen Kamera können sich die Fachleute das Naseninnere anschauen. »Erst dann können wir entscheiden, welche Eingriffe der einzelne Hund braucht«, beschreibt Dr. von Doernberg. Hunde mit besonders ausgeprägten Beschwerden operiert die Expertin in Ausnahmefällen schon in einem Alter ab 4 Monaten. Normalerweise führt sie den Eingriff aber eher bei Tieren ab 9 Monaten durch.

»Sind alle Engstellen betroffen, beinhaltet der operative Teil des Termins die Korrektur der Nasenlöcher, das Schrumpfen der verdickten Nasenmuscheln mittels Radiofrequenz, die Korrektur des Gaumensegels und das Entfernen der Stimmtaschen«, erklärt die Tierärztin. All das lässt sich in der Regel innerhalb eines einzelnen Termins durchführen.

Foto: ltummy/stock.adobe.com

Winzige Nasenlöcher, Vorbiss, kaum »Nase«, viele Falten: Brachyzephale Hunde wie diese Englische Bulldogge haben viele Merkmale – von außen sichtbar oder im Körperinneren verborgen – die ihnen große Probleme verursachen.

»Bei höhergradigem Kehlkopfkollaps ist unter Umständen ein weiterer Eingriff notwendig, um diesen zu korrigieren. Mithilfe dieser an die Humanmedizin angelehnten Technik der Multi-Level-Chirurgie lässt sich die Atmung entschieden verbessern.«

Husten, Schnupfen, Heiserkeit

Die Atemwege unserer Hunde können natürlich nicht nur durch den Körperbau beeinträchtigt werden, sondern auch durch infektiöse sowie nicht infektiöse Atemwegserkrankungen. Anatomisch unterscheiden wir Probleme, welche die unteren Atemwege befallen, von solchen, die sich in den oberen Atemwegen abspielen. Die Bronchien und die Lunge gehören zu den unteren Atemwegen. Alles, was darüber liegt, zählt zu den oberen: die Luftröhre, der Kehlkopf, die Nase und die Nasennebenhöhlen. Die nicht infektiösen Atemwegserkrankungen kommen sehr viel seltener vor. Zu ihnen zählen z.B. Lungentumoren oder eingeatmete Fremdkörper. Bei ersteren handelt es sich meist um sogenannte sekundäre Tumoren, die aus anderen Organen in die Lunge gestreut wurden.

Foto: I/stock.adobe.com

In so mancher Tierarztpraxis werden in den kalten Monaten gehäuft Hunde mit infektionsbedingten Atemwegsbeschwerden vorgestellt. Recht häufig sehen die Mediziner z.B. eine reine Entzündung der Nasenschleimhaut. Hinter der sogenannten Rhinitis stecken eingedrungene Erreger; sie kann teilweise aber auch durch angeborene Einschränkungen begünstigt werden: So funktionieren etwa bei bestimmten Hunderassen die Flimmerhärchen in der Nase nicht richtig. Sie können dann die Atemwege nicht reinhalten und Erreger abwehren. Brachyzephale Hunde können übrigens auch in Sachen Atemwegserkrankungen einen Nachteil gegenüber ihren längerschnäuzigen Artgenossen haben: An ihren Augen, an ihrer Nase und an ihrem Maul sitzen weniger spezielle Immunzellen, die darauf achten, dass Erreger abgewehrt werden. Pilzinfektionen sind eine weitere und immer häufiger auftretende – oder zumindest mittlerweile öfter diagnostizierte – Ursache von Nasenschleimhautentzündungen bei Hunden allgemein. Wird ein Pilz nicht früh genug erkannt, kann er viel in der Nase und vor allem in der Nasennebenhöhle zerstören.

Wenn der Hund hustet

Weitere Erkrankungen der oberen Atemwege sind Kehlkopfentzündungen, Katarrhe – so werden generell Entzündungen der Schleimhäute in den Atmungsorganen bezeichnet – und Mandelentzündungen. Entzündungen der Luftröhre, Bronchien und Lunge können Hunde ebenfalls betreffen. Glücklicherweise kommen reine Lungenentzündungen bei Hunden eher selten vor. Öfter entwickeln sich jedoch Probleme, die sowohl den Kehlkopf, die Luftröhre als auch die Bronchien betreffen.

Das klassische Stichwort: Zwingerhustenkomplex. Dieser Begriff wurde gewählt, weil mehrere Krankheitserreger die Beschwerden hervorrufen. Zu den üblicherweise auftretenden Symptomen gehört trockener, heftiger Husten. In der Regel verläuft die Erkrankung für den Hund harmlos, wenn seine Menschen für Ruhe sorgen. Merkt man jedoch, dass es dem Tier auch sonst nicht gut geht, sollte man mit der tiermedizinischen Behandlung nicht zögern, da die Lunge in Mitleidenschaft gezogen werden könnte.

Halten Virusinfektionen länger an, begleiten und komplizieren bakterielle Erreger das Ganze. Ist der Nasenausfluss oder das ausgeworfene Sekret nicht mehr klar, sondern trüb, gelblich oder grünlich, ist spätestens von einer bakteriellen Beteiligung auszugehen. Dann kommt ein Antibiotikum zum Einsatz. Generell empfiehlt es sich aber, die Verwendung dieser Medikamente gut abzuwägen: Sie sind nicht bei jedem kleinen Schnupfen oder klaren Nasenausfluss ein Muss.

Muss ein Hund immer wieder husten, steckt dahinter nicht zwangsläufig ein Atemwegsinfekt. Chronischer Husten kann auch infolge eines Herzproblems oder aufgrund von Parasiten auftreten. Die üblichen Verdächtigen sind Herzwürmer – aber auch Befälle mit Lungenwürmern haben zugenommen. Lassen Sie also die Parasiten als Ursache abklären, wenn Ihr Hund den Husten einfach nicht loswird.

Erkrankungen vorbeugen

Um unseren Hunden zu helfen, können wir zum einen das Immunsystem unterstützen und zum anderen Risikofaktoren vermindern. Das bedeutet nicht, bei kalten Temperaturen, Schnee und Eis kaum vor die Tür zu gehen. Spaziergänge und Bewegung sind auch im Winter überaus wichtig – für Hund und Mensch. Es empfiehlt sich jedoch, sich zügig zu bewegen ohne herumzustehen. Motivieren Sie auch Ihren Hund, sollte sich dieser Zeit lassen wollen. Einen Plausch mit den Nachbarn, während der womöglich auch noch nasse Hund in der Kälte wartet und zittert, vermeiden Sie am besten ebenfalls. Nach Hause zurückgekehrt, trocknen Sie Ihren Liebling bitte gut ab. Sein Rückzugsort sollte trocken, warm und frei von Zugluft sein.

Die Welt durch Hundeaugen

Wie Hunde sehen, können wir und erschließen, indem wir ihre Physiologie und Anatomie genau anschauen und auswerten. Aus der Kopfform und Position der Augen etwa ergibt sich ein Sichtfeld, das sich je nach Hund auf bis zu 240 Grad erstrecken kann. Außerdem haben unsere Vierbeiner mehr für das Hell-Dunkel-Sehen zuständige Stäbchen auf der Netzhaut als fürs Farbensehen zuständige Zapfen. »Der Hund braucht mehr Stäbchen, da er eher auf das Sehen bei Dämmerung ausgerichtet ist«, erklärt Dr. Ingrid Allgoewer. Die Spezialistin führt eine Augen-Tierarztpraxis in Berlin. Hunde brauchen also weniger Licht als wir, um bei schlechten Lichtverhältnissen noch etwas wahrnehmen zu können. Darüber hinaus sitzt in ihrem Auge ein »Licht-Verstärker«: das Tapetum lucidum. Es reflektiert einfallende Lichtstrahlen, damit die Netzhaut zweimal mit dem Licht in Kontakt kommt. Die Spiegelschicht steckt auch dahinter, wenn angestrahlte Tieraugen im Dunkeln leuchten.

Live, bewegt und in Farbe

Unsere Lieblinge sehen ihre Umwelt durchaus in Farbe, aber anders als die meisten Menschen, wie Dr. Allgoewer erklärt: »Hunde sehen eher im Blau-Gelb- Bereich. Rot- und Grüntöne stellen sich für sie in Graunuancen dar.« Das liege daran, dass die Fotorezeptoren in den Zapfen nur bestimmte Pigmente haben und Licht in der Wellenlänge absorbieren, die dem Blau-Gelb-Bereich entspricht.

Stehen Sie also in einer roten Regenjacke am Waldrand, während Ihr Liebling auf der Wiese herumtollt, wird er Sie in dem Mosaik aus Grau-Beige-Braun-Tönen kaum erkennen können. Auch für Suchspiele erweist sich das Wissen um die Sehfähigkeit des Hundes als nützlich: Wollen Sie Ihrem Liebling eine besonders herausfordernde Aufgabe stellen, lassen Sie ihn einen Gegenstand suchen, den er im Gras weniger gut sieht – wie einen grünen Dummy, roten Ball etc.

Foto: ChristianMuellner/stock.adobe.com

Im Kopf haben sollten wir ebenfalls, dass Hunde eher Dinge sehen, die sich etwas weiter weg von ihnen bewegen. »Das heißt aber nicht, dass sie eine vor ihnen sitzende Fliege nicht sehen können«, sagt die Expertin. »Wir Menschen sind eben mehr auf die Nähe und aufs Detailsehen fixiert als der Hund, der eher in die Ferne und auf Bewegung schaut.«

Auch bei Hunden kann es zu Fehlsichtigkeit kommen. Das ist aber eher selten und liegt meist in einem Bereich von maximal -1,5 bis +1,5 Dioptrien. »Fehlsichtigkeit fällt bei den meisten Hunden nicht auf, da sie ihre Umwelt normalerweise nicht ständig glasklar wahrnehmen müssen«, sagt die Augenexpertin. »Deutlich werden kann sie aber z.B. bei Agility-, Dienst- und Hütehunden, die dann vielleicht unsicherer werden.« Im Alter ist es ganz normal, dass das Sehvermögen abnimmt: »Im Laufe des Lebens wird die Linse härter. Bei älteren Hunden ab 9 bis 11 Jahren sehen dann die Pupillen grau aus. Sie können individuell unterschiedlich weitsichtig werden.«

Bemerken Sie, dass sich am Auge Ihres Hundes etwas verändert oder schmerzt, suchen Sie bitte baldmöglichst tiermedizinischen Rat. »Der Zeitfaktor ist für viele Erkrankungen eklatant wichtig«, betont Dr. Allgoewer. Wer abwartet, verliert unter Umständen wertvolle Behandlungszeit. Ab und zu kommt es vor, dass Hunde dennoch ihr Augenlicht verlieren. »Es stimmt zwar nicht, dass Hunde ‚mit der Nase sehen'«, sagt die Expertin. »Aber natürlich kommen viele Hunde gut damit klar, wenn sie erblinden. Sie können weiterhin eine hohe Lebensqualität haben. Man muss nie einen Hund einschläfern, wenn er nicht mehr sehen kann!«

Aufgehorcht! Die Ohren

Auch das Hundeohr ist ein kleines Wunderwerk der Natur – selbst wenn es manchmal nicht ganz so gut zu funktionieren scheint, wie wir uns das wünschen. Der Schall, der über die Luft ans Ohr gelangt, reist durch den Gehörgang zum Trommelfell und versetzt dieses in Schwingung. Von dort werden die Schwingungen über die Kette der Gehörknöchelchen ans Innenohr weitergeleitet. In der Hörschnecke werden die Schwingungen – etwas Mechanisches – von den Hörzellen in elektrisch-chemische Signale umgewandelt und

Foto: Fotoliesl/stock.adobe.com

Foto: mfotohaus/stock.adobe.com

gelangen ins Hirn. Dieses ist dazu in der Lage, zu berechnen, woher ein Geräusch kommt – schließlich muss der Hund z. B. in die richtige Richtung flüchten können.

Die gefürchtete Entzündung

Sie sind unangenehm, wenn's dumm läuft hartnäckig und können sogar darin enden, dass der Gehörgang entfernt werden muss: Ohrentzündungen. »Besteht eine solche Entzündung länger als 4 Wochen, wurde ein zugrundeliegendes Problem noch nicht adressiert und ein Spezialist oder eine Spezialistin sollte hinzugezogen werden«, betont HNO-Expertin Dr. von Doernberg.

Die Auslöser für chronische Gehörgangsentzündungen lassen sich in 3 Gruppen einteilen, wie sie ausführt: »Dazu zählen zum einen primäre Ursachen wie Futtermittelallergien und Atopien, Parasiten oder Fremdkörper. Zum anderen gibt es prädisponierende Ursachen, die das Klima im Ohr verändern. Zu ihnen gehören etwa regelmäßiges Schwimmen, zu häufige Reinigung oder übermäßiges Zupfen der Haare im Ohr.« Die dritte Gruppe besteht aus Faktoren, welche die Probleme unterhalten. »Dazu können Keime gehören, die vorher nicht vorhanden waren, oder chronische Veränderungen der Haut.«

Ein Hund mit Schlappohren bekommt übrigens nicht unbedingt schneller oder häufiger Probleme als andere Vierbeiner, weiß die Expertin: »Es gibt Untersuchungen, die gezeigt haben, dass die Zusammensetzung der Luft in Steh- und Schlappohren gleich ist.« Allerdings neigen Rassen mit langen Ohrbehängen zu Hauterkrankungen, und die gehören wieder zu den primären Faktoren. Gibt es keine anderen Möglichkeiten mehr und der Gehörgang muss operativ entfernt werden, bedeutet das nicht, dass der Hund danach nichts mehr hören kann. Die Knochenleitung, über die der Schall weiterreist, bleibt bestehen.

DIE OHREN CHECKEN

Ob Steh- oder Hängeohren: Die Lauscher jeden Hundes sollten regelmäßig kontrolliert werden. Bringen Sie Ihrem Liebling daher möglichst früh bei, sich die Innenseite anschauen und auch auswischen zu lassen. Je nach Hund klappt das rasch oder dauert etwas länger – Geduld und viel Lob sind angesagt! Schnüffeln Sie auch mal an den Ohren: Sind sie sauber und gesund, sollten Sie kaum Geruch wahrnehmen.

Lässt sich Ihr Hund nicht mehr gern an den Ohren kraulen, schüttelt sie heftig oder kratzt sich in diesem Bereich, könnte ein Problem mit den Ohren vorliegen. Auch das Ohrenschmalz ist ein Indikator für Beschwerden: Es sollte weich und hell- bis dunkelbraun sein.

Die Ohren eines gesunden Hundes müssen eigentlich nicht gereinigt werden – sie haben einen guten Selbstreinigungsmechanismus. Bei jungen Hunden kann es jedoch ab und an nötig werden, Ohrenschmalzreste sanft (ohne Ohrenstäbchen) aus der äußeren Ohrmuschel zu entfernen.

Gutes für gesunde Lauscher

Wenn Sie den Ohren Ihres Lieblings etwas Gutes tun möchten, sollten Sie zunächst einmal einen Bogen um Wattestäbchen und aggressive Reiniger machen. »Ein gesundes Ohr braucht gar keinen Reiniger, der hineingeschüttet wird«, gibt Dr. von Doernberg zu bedenken. »Im Normalfall reicht es, einmal pro Woche vorsichtig nachzuschauen, ob die Ohrmuschel und der Eingang des Gehörgangs sauber sind und sie bei Bedarf mit einem weichen Tüchlein auszuwischen.« Nach Spaziergängen und Spielen in der Natur empfiehlt es sich zudem, die Ohren – ebenso wie Augen und Nase – nach Fremdkörpern abzusuchen. Riecht das Ohr unangenehm oder ist jedes Mal dreckig, wenn Sie hineinschauen, lohnt es sich, in der Tierarztpraxis nach der Ursache suchen zu lassen.

Foto: privat

Dr. med. vet. Marie-Cécile von Doernberg ist seit 2011 europäische Fachtierärztin für Kleintierchirurgie und seit 2015 mit der »HNO Chirurgie von Doernberg« selbstständig.

www.hno-chirurgie.vet

Foto: privat

Dr. med. vet. Ingrid Allgoewer, Diplomate (ECVO), ist begeisterte Augen-Tierärztin und Mikrochirurgin. Sie führt eine Augen-Tierarztpraxis in Berlin.

www.tieraugen.com

SPANNENDE FACTS

Sinnesorgane

Extreme Empfindlichkeit

Haben Sie sich schon mal gefragt, warum selbst eine winzige Wimper im Auge sich so unangenehm anfühlt? Dr. Allgoewer erklärt: »Die Hornhaut ist das Gewebe mit den meisten freien Nervenendigungen im ganzen Körper. Das ist von der Natur so angelegt, damit der Organismus gleich reagiert, wenn sich z.B. ein Fremdkörper im Auge befindet.«

Türsteher Thalamus

Ohne das Gehirn können Sinneswahrnehmungen nicht vollständig verarbeitet werden. Spannend: Im Thalamus werden bis auf den Geruchssinn alle Signale aus den Sinnesorganen vorverarbeitet und dürfen gegebenenfalls zum Großhirn »weiterreisen«. Er winkt insbesondere die Sinnesreize durch, die entweder neu sind, oder für die aktuelle Situation des Hundes relevante Informationen liefern. Hat der Vierbeiner etwa gelernt, »raschelnder Futtersack – gleich gibt's Futter!«, wird er auf diese Sinneseindrücke besonders reagieren, wenn er gerade hungrig ist.

Bloß kein Stillstand!

Die Riechzellen in der Riechschleimhaut werden regelmäßig im Abstand einiger Wochen ersetzt.

Farbwechsel

Die Spiegelschicht erwachsener Hunde leuchtet gelb bis grünblau, wenn sie im Dunkeln angestrahlt wird. Bei Welpen bis zu einem Alter von circa 12 Wochen ist sie jedoch violett-blau gefärbt. Der Grund: »Das Pigmentepithel, eine Schicht, welche die Netzhaut im unteren Anteil des Augapfels teilweise bedeckt, enthält zur Zeit der Geburt noch keine Pigmente. Deshalb sieht man die gefäßführenden Schichten darunter«, erklärt Dr. Allgoewer.

Leuchtende Augen

Bei manchen Vierbeinern fehlt das Tapetum lucidum (»leuchtender Teppich«). Das kann mit der Fellfarbe zusammenhängen: Helle Hunde und Tricolor-Hunde z.B. haben oft kein Tapetum.

Wichtiges Kammerwasser

Der Augeninnendruck sorgt dafür, dass das Auge seine Form behält. Damit er aufrechterhalten wird, ist das sogenannte Kammerwasser nötig. Es sorgt zudem dafür, dass die inneren Augenstrukturen im vorderen Bereich, wie etwa die innere Hornhaut, ernährt werden. Außerdem nimmt es Abfallstoffe und alte Zellen mit, wenn es die Iris und Linse umspült. Ein erhöhter Augeninnendruck – ein Glaukom – entsteht, wenn das Kammerwasser nicht richtig abfließen kann, aber weiterhin neues gebildet wird.

Die Propriozeption …

… beschreibt, wie ein Individuum sich im Raum wahrnimmt: Wo steht es, wie ist der Untergrund beschaffen? Es handelt sich dabei um einen komplexen Zusammenschluss von Nerven. Propriozeption findet in den Kapseln aller Gelenke des Körpers statt. Nerveninput darüber, wie sie stehen und sich gerade bewegen, gelangt von jeder Stelle ins Rückenmark und von dort ins Gehirn. Das verarbeitet die Informationen. Übersetzt könnte das z.B. lauten: »Aha, momentan stehe ich auf einer Wiese. Der Boden ist weich und uneben. Ich sollte also aufpassen.« Diese Meldung gelangt vom Gehirn wieder zurück an die »Sender«, damit im Bewegungsapparat entsprechend darauf eingegangen werden kann.

Foto: Lena Schwarz

2

DIE HAUT, DAS FELL UND DAS MIKROBIOM

Superhelden haben Hightech-Anzüge, die sie im Kampf gegen Bösewichte unterstützen – für unsere Hunde übernehmen ihre Haut und ihr Fell diese Aufgabe. Als Schutzschild vor Krankheitserregern, Kälte und UV-Strahlung hat dieses dynamische Duo ganz schön viel drauf!

Gut geschichtet

Wenden wir uns zunächst den Grundlagen zu: Die Haut besteht aus 3 Schichten mit unterschiedlichen Funktionen. Die Unterhaut, oder Subcutis, bildet die unterste Lage. »Sie enthält hauptsächlich Fett und ist das, was wir bei uns Menschen als ‚Speck' an Bauch und Hüfte wahrnehmen«, erklärt die Hauttierärztin Dr. Cornelia Fittschen aus

Berlin. Die Subcutis schützt den Körper zu einem gewissen Maß sowohl vor Kälte als auch vor Stößen und Druck. Über ihr liegt die Dermis, auch Lederhaut genannt. »Diese bindegewebige Schicht enthält elastische Fasern – die im Laufe des Lebens zurückgehen – sowie Drüsen, viele Blutgefäße, Haarbalgmuskeln und Nerven«, beschreibt die Expertin. »Die Dermis stützt und versorgt die oberste Hautschicht, die Epidermis, mit Nährstoffen.«

Während wir es bei Dermis und Subcutis mit Schichten lebender Zellen zu tun haben, besteht die Epidermis zumindest im für uns sichtbaren Teil – der Hautbarriere – aus Lagen toter Zellen. Im Optimalfall bröseln diese nach außen weg und von unten wird neues Material nachgeliefert: Zellen wandern dazu im Laufe ihres Lebens Richtung Oberfläche, wandeln sich dabei um und erreichen als Hornschuppe die Endstation. Das ist wichtig, wie Dr. Fittschen ergänzt, »denn dadurch hat die Haut eine gleichbleibende Dicke.« Die Epidermis erneuert sich bei Hunden alle 21 Tage – Ihr Vierbeiner bekommt quasi alle 3 Wochen eine neue oberste Hautschicht. In der Oberhaut sind übrigens auch die Melanozyten angesiedelt, also die Zellen, die Pigment bilden und an die Hautzellen abgeben.

Dick und dünn bei Mensch und Hund

Die Hundehaut ist deutlich dünner als unsere eigene. Das ergibt Sinn: Die meisten Vierbeiner verfügen zusätzlich über schützendes Fell, wohingegen unsere Körperbehaarung im Laufe der Evolution in Sachen Länge und Dicke – wenn auch nicht bei der Dichte – ziemlich eingebüßt hat. Gemein haben wir allerdings, dass unsere Haut abhängig von der Körperstelle unterschiedlich dick oder dünn ist. »Mechanisch stärker beanspruchte Haut wird immer ein bisschen dicker sein«, weiß die Expertin. Das trifft etwa an den Pfoten, Füßen und Händen zu. Unsere dünnste Haut befindet sich an den Augenlidern. Bei Hunden ist sie in der Leisten- sowie Achselregion besonders dünn.

Einen weiteren Unterschied entdecken wir beim pH-Wert der Haut, merkt Dr. Fittschen an: »Während unserer eher im sauren Bereich zwischen 5 und 5,5 liegt, haben Hunde einen neutralen bis leicht basischen pH-Wert zwischen 7 und 7,5.« Die Katze sitze in der Mitte, mit einem Wert von 6,5 bis 7. Die unterschiedlichen Werte sind ein Grund dafür, dass sich für Menschen konzipierte Pflegeprodukte nicht für unsere Haustiere eignen.

Foto: deine_liebe/stock.adobe.com

Baden oder nicht baden

Selbst mild formulierte Baby-Shampoos sind »sauer«, was den Hautschutzmantel des Hundes durcheinanderbringt und zu Schäden führen kann. Mit einem ungeeigneten Produkt raffen wir noch dazu etliche Bakterien dahin, die zum Mikrobiom der Haut gehören (dazu später noch mehr). Der Status quo stellt sich laut Dr. Fittschen zwar wieder ein, wenn das Mittel nicht weiter zum Einsatz kommt. Das dauere aber eine Weile. »Währenddessen ist der Hund anfälliger für Keime, die in den Körper eindringen wollen.«

Ein Bad sollten Sie Ihrem Hund ohnehin nur einlassen, wenn es wirklich nötig ist – etwa weil er dem Eau de Güllé nicht widerstehen konnte oder bei einer Gratis-Schlammpackung einfach zuschlagen musste. Die Expertin rät zu Produkten ohne Silikone, »denn dieser Inhaltsstoff versiegelt die Haut eher, auch wenn das Fell besser kämmbar wird.« Wer mit schwer kämmbarem Fell kämpfe, könne spezielle Conditioner verwenden. Auch für Allergiker gibt es Produkte: »Vielen meiner Patienten hilft es, wenn sie jeden zweiten Tag mit rückfettendem Allergikershampoo gewaschen werden«, erzählt die Tierärztin. »Das wirkt feuchtigkeitsspendend und beruhigt die Haut.«

»Solange es keine Probleme gibt, sollte nicht eingegriffen werden«, sagt auch DR. Martin Bucksch, der sich ebenfalls auf die Veterinärdermatologie spezialisiert hat und in Hamburg tätig ist. »Never touch a running system« gelte auch fürs Krallenschneiden, Ausdrücken der Analdrüsen und das Säubern der Ohren. »Eine Studie hat gezeigt, dass das tägliche Reinigen der Ohren Ohrentzündungen fördert. Selbst mildeste Reiniger weichen eben die Haut im Gehörgang auf«, betont er.

So ein Schweiß

Geht's beim Sport zur Sache, schwitzen wir Menschen uns den sprichwörtlichen Wolf und profitieren von Verdunstungskälte. Genauso ausgeprägt klappt das zwar weder bei ihren wilden Verwandten noch bei unseren Hunden, schwitzen können sie aber schon. »Es gibt 2 Arten von Schweißdrüsen: die ekkrinen und die apokrinen«, erklärt Dr. Fittschen. »Die ekkrinen Schweißdrüsen münden außerhalb der Haarfollikel. Über sie sondert der Körper wässrigen Schweiß ab. Beim Hund sitzen sie allerdings ausschließlich an den Pfotenballen.«

Für den Temperaturausgleich an heißen Tagen oder bei großer Anstrengung reicht das nicht aus. Der Hundekörper reagiert daher zum einen, indem er die Durchblutung in den Hautgefäßen steigert, damit er mehr Wärme abgeben kann. Zum anderen erhöht er die Atemfrequenz: Hechelt der Hund, gelangt mehr Luft an die Zunge, wo Feuchtigkeit verdunstet, und an die gut durchbluteten Schleimhäute in Maul und Nase.

Im Gegensatz zu den ekkrinen sind die apokrinen Schweißdrüsen großzügiger über den Körper verteilt. »Sie münden in die Haarfollikel und produzieren ein sehr eiweißreiches Sekret«, beschreibt die Hauttierärztin. »Dieses ist für den Hautschutzmantel mitverantwortlich: Es verbindet sich mit dem Hauttalg und bildet eine Barriere gegen Keime.« Es entsteht also eine Fett-Flüssigkeit-Emulsion – ein Hydrolipidfilm. »Darin befinden sich antibiotische, enzymatische und antimikrobielle Substanzen. So bietet die Haut nicht nur mechanischen, sondern auch biochemischen Schutz«, ergänzt der Veterinärdermatologe. Fühlt sich ein kurzhaariger Hund feucht an, ohne dass er mit Wasser in Kontakt gekommen ist, lässt dies laut Dr. Fittschen übrigens darauf schließen, dass die Haut entzündet ist.

Foto: Lena Schwarz

Haarige Vielfalt

Die Hundewelt glänzt beim Fell mit einem riesigen Spektrum an Farben, Längen, Dichten und Strukturen. Während bei uns Menschen aus einem Haarfollikel ein einzelnes Haar wächst, sprießt bei vielen Hunden aus jeder dieser in der Lederhaut sitzenden Einstülpungen ein Büschel: »ein schützendes, härteres Primär- oder Deckhaar und mehrere feinere, weichere und kürzere Woll- oder Sekundärhaare, welche die wärmende Unterwolle bilden«, beschreibt Dr. Fittschen.

Auch Nackthunde haben häufig noch Haarfollikel – in unterschiedlicher Ausprägung. Das führt allerdings zu Problemen, wie die Tierärztin sie aus der Praxis kennt: »Wächst kein richtiges Haar mehr, werden Talg und Keratin nicht zur Hautoberfläche transportiert und es bilden sich Mitesser.« Diese sollten keinesfalls ausgedrückt werden, da sich die Stellen sonst entzünden. Stattdessen kommen reinigende Waschbehandlungen zum Einsatz.

Foto: Lena Schwarz

Wie viele Haare ein Hund pro Quadratzentimeter Haut hat, unterscheidet sich je nach Rasse. Spannend: Hunde haben – so die Expertin – generell weniger Haare als Katzen. Auch die Länge des Haarwachstums ist rassebedingt unterschiedlich: »Ein Pudel wird über sehr lange Zeit Wachstumsaktivität in vielen Haarwurzeln zeigen. Ein kurzhaariger Hund wie ein Pinscher hingegen nur über sehr kurze Zeit.«

Häärlein tausch dich

Wie auch immer das Fell aussieht, kein Haar lebt für immer – oder wie DR. Bucksch es ausdrückt: »Jedes Haar unterliegt so wie die Haut auch einem Zyklus der permanenten Erneuerung und des Austauschs.« Die einst verbreitete Regel, dass zweimal im Jahr ein saisonal bedingter Fellwechsel stattfindet, lasse sich so nicht mehr unterschreiben. »Die meisten Hunde haaren permanent, mit einer saisonalen Verstärkung«, sagt der Experte. Dabei passiert nichts anderes, als dass ein neues Haar von unten wächst und das alte »hinausschiebt«.

Normalerweise bekommt der Organismus auch für den Haut- und Haarstoffwechsel über eine gute, ausgewogene und bedarfsdeckende Ernährung alles, was er braucht. »Da der Hautstoffwechsel unserer Vierbeiner sehr intensiv ist, verwenden sie bis zu 30 Prozent des Nahrungsproteins exklusiv für Haut- und Fellstoffwechsel«, erläutert DR. Bucksch. Insbesondere langhaarige Hunde, die sehr intensiv haaren – gerade zu bestimmten Zeiten – könne man dann über die Ernährung unterstützen, »etwa indem man für kurze Zeit das Nahrungsprotein hochsetzt.« Voraussetzung ist dabei, dass der Vierbeiner gesund ist und seine Niere und Leber (Kapitel 7) damit umgehen können.

Auch mehrfach ungesättigte Fettsäuren wirken sich positiv auf die Gesundheit von Haut und Fell aus, wie Dr. Fittschen betont. Diese müssen unsere Hunde übers Futter aufnehmen. Wir können sie etwa über Fischöl zur Verfügung stellen. Manche Hundefreunde schwören auch auf Eigelb, dass ab und zu für mehr Fellglanz im Napf landet. Schädlich ist das jedenfalls im Normalfall nicht – sofern kein rohes Eiweiß dabei ist.

Pflege: Scheren, Trimmen & Co.

Die Fellpflege gestaltet sich so individuell, wie auch unsere Hunde es sind. Manche müssen viel gebürstet werden, damit ihr Haar nicht verfilzt, brauchen aber kaum/keine Haarschnitte. Bei anderen wird totes Haar mit Trimmmessern ausgezupft, damit sowohl die rassetypische Beschaffenheit als auch der gewünschte Ausdruck erhalten bleiben. Im Alter oder aufgrund von Krankheit kann es passieren, dass wir Pflegegewohnheiten anpassen sollten. Das hat DR. Bucksch mit seinem Border Terrier erlebt: Der Senior wurde im Sommer nicht mehr getrimmt, sondern geschoren – »und damit ging es ihm prima«.

Wirkt ein Hund nach dem Scheren »plüschig«, hat er kein Welpenfell bekommen, wie es in einem verbreiteten Mythos heißt. Vielmehr seien alle Haare auf die gleiche Länge gekürzt worden, weswegen sowohl die Deckhaare als auch die Wollhaare zu sehen seien, sagt der Tierarzt. Auch mit der Sorge, dass das Fell nach dem Scheren nicht so nachwächst, wie es war, kommen immer wieder Besitzer zu dem Fachmann, wenn ihre Hunde zu Therapiezwecken Haare lassen müssen. »Das tut es aber in der Regel schon«, kann er sie beruhigen. »Es kann jedoch passieren, dass es nach dem Scheren zu einer Farbveränderung kommt.« Nach Mikrotraumata der Haut – wie durch Bisse oder Biopsien – lasse sich an den betroffenen Stellen manchmal sehr wohl beobachten, dass z. B. einst glattes Haar gewellt nachwachse. Zu solchen Verletzungen der Haut komme es allerdings beim korrekten Scheren normalerweise nicht.

Hinter anderen deutlichen Veränderungen am Haarkleid kann zum einen der Hund selbst stecken, wenn er sich etwa aufgrund allergiebedingten Juckreizes ständig an einer Stelle leckt. Zum anderen sind hormonelle Störungen wie eine Schilddrüsenunterfunktion oder Morbus Cushing potenzielle Übeltäter. »Es passiert recht häufig, dass Patienten mit Hormonstörungen ihre Haare länger behalten«, erklärt Dr. Fittschen. Zu erkennen ist das, wenn schwarzes Fell durch Sonnenlicht ausbleicht und braun-rot wird. »Häufig nehmen die Haare auch einen Nylon-ähnlichen Glanz an, da sie mechanisch blankpoliert werden«, erläutert die Expertin. Beobachten Sie das bei Ihrem Hund, ist eine tierärztliche Untersuchung angesagt.

Sommer und Winter

Die Pflege von Fell und Haut rückt im Sommer und Winter besonders in den Fokus. Gut zu wissen ist dann, dass der eingebaute Schutz unserer Hunde ziemlich gut funktioniert und wir eher zu Kontrolle tendieren können als zu übermäßiger Prophylaxe. »Die Ballen sind nicht nur durch den stärkeren Grad der Verhornung mechanisch geschützt«, erklärt DR. Bucksch. »Sie haben auch ein sehr effizientes Durchblutungssystem. Dank dieser Mikrozirkulation ist es für Hunde nicht unbedingt ein Problem, auf vereisten Flächen zu laufen.«

Beide Hautexperten raten dazu, eher nach dem Winterspaziergang die Pfoten zu kontrollieren und mit Wasser von Eisklümpchen, Splitt und Salz zu befreien, als die Füße jedes Mal dick einzucremen. Bei manchen Hunden kann es zudem sinnvoll sein, das Haar an den Pfoten zu kürzen. Sieht die Haut um und/oder an den Ballen spröde, trocken oder gar rissig aus, sollte der Vierbeiner internistisch untersucht werden.

Den Sonnenschutz übernimmt bei vielen Hunden ihr Fell – das natürlich bei Tieren mit viel Unterwolle zumindest regelmäßig ausgebürstet gehört. »Nackthunde sowie Hunde mit wenig und/oder sehr hellem Fell sollten jedoch mit Sonnenschutz eingecremt werden, wenn es nach draußen geht«, rät Dr. Fittschen. Ungeschützt kann es auch in unseren Breiten zu Sonnenbrand oder Hautkrebs kommen, auch wenn hier weitaus weniger Fälle verzeichnet werden als etwa in Australien oder Südafrika.

Foto: DoraZett/stock.adobe.com

Zum Wohl unserer Vierbeiner heißt es für uns also: Haut und Fell gezielt unterstützen, wenn und wo es nötig ist, aber gleichzeitig auch Vertrauen in den Körper und seine hervorragenden Fähigkeiten haben.

Das Mikrobiom der Haut

Haben Sie schon mal von »probiotischer Hautpflege« gehört? Dieser Trend in der Kosmetikindustrie will die »Wunderwaffe Mikrobiom« nutzen, um Haut wahlweise reiner, schöner, gesünder oder jünger aussehen zu lassen – natürlich mit den passenden Seren und Cremes. Inwieweit solche Produkte das Versprochene erreichen können, ist schwer zu beurteilen. Klar wird jedoch, dass das Thema Mikrobiom im Zusammenhang mit der Haut verstärkt für Aufmerksamkeit sorgt; eine Entwicklung, die sich auch in der Forschung wiederfindet – die Veterinärmedizin inbegriffen.

Foto: niknikp/stock.adobe.com

Das Mikrobiom der Haut besteht aus einer Vielzahl unterschiedlicher Mikroorganismen. »Das sind z. B. Viren, Pilze oder Parasiten wie Demodexmilben«, beschreibt Dr. med. vet. Maren Dölle. Die Hauttierärztin hat als Diplomate ECVD den höchstmöglichen Spezialisierungsgrad auf ihrem Fachgebiet erreicht und leitet den Dermatologie-Service des AniCura-Standorts in Hamburg-Marienthal. Das überwiegende Interesse in der »explodierenden Wissenschaftslandschaft« gelte jedoch den Bakterien. Der Grund: Sie machen einen großen Teil des Mikrobioms aus. Darüber hinaus ließen sich z. B. Viren rein technisch gesehen schwieriger erforschen. »Nichtsdestotrotz weiß man unter anderem, dass Papillomaviren, also Warzenviren, auf der Haut sind. Das ist auch bei uns Menschen bekannt.«

Viele Daten, (noch) wenig Wissen

Brandneu ist das wissenschaftliche Interesse für das unsichtbare Universum nicht: »Es gab schon vor 20 Jahren Studien, für die man sich die Hautflora angeschaut hat«, sagt die Expertin. »Nur die Techniken waren ganz unterschiedlich. Damals haben wir im Labor mit

Hautabstrichen auf einer Agarplatte Kulturen gezüchtet. Jetzt nutzen wir gentechnische Methoden.« Diese zeigen den Forschenden weitaus mehr des großen Ganzen.

Daten werden massenhaft erhoben – »aber man muss auch vorsichtig sein, was die Interpretation anbelangt«, mahnt Dr. Dölle. Welche Teile des Mikrobioms am relevantesten sind und was es positiv oder negativ beeinflusst, lasse sich noch gar nicht genau und abschließend feststellen. Der aktuelle Wissensstand besagt, dass *Staphylococcus pseudintermedius* ein dominantes Bakterium im Hautmikrobiom des Hundes ist. »Wenn bakterielle Hautinfektionen entstehen, ist er der häufigste Keim, der dabei eine Rolle spielt. Ihn sehen wir auch in Kulturen, also der altbewährten Methode, die wir ja gerade in der Medizin immer noch praktizieren«, weiß Dr. Dölle.

Auch Mikrokokken sind den Forschenden aus den älteren, kulturbasierten Untersuchungen bekannt und können mit neuen Methoden ebenfalls als Teil des Hautmikrobioms identifiziert werden. Dazu werden auch Hautproben verwendet, nur bedienen sich die Forschenden Analysen wie beispielsweise PCR (Polymerase Chain Reaction, Polymerase-Kettenreaktion), um nach Gensequenzen der Mikroben in der Probe zu suchen. »So kann man viel mehr Keime entdecken und sieht plötzlich: Wow! Wir haben ja Tausende verschiedene Spezies und nicht Hunderte«, sagt die Veterinärdermatologin. »Deswegen wissen wir jetzt, dass Millionen Bakterien auf der Haut leben und wir quasi von einem Universum von Bakterien umgeben sind, was wir nie für möglich gehalten hatten. Manche davon wachsen im Labor gar nicht.«

Die Diversität zählt

Zur Menge von Mikroorganismen im Hautmikrobiom gibt es verschiedene Schätzungen. »Man liegt nicht verkehrt, wenn man sagt, dass es über Hunderttausend pro Quadratzentimeter sind«, gibt Dr. Dölle mit Blick auf neuere Studien an. Das Mikrobiom ist dabei keine homogene »Masse«, in der überall die gleichen Mikroben in der gleichen Zusammensetzung vorkommen. So konnte etwa gezeigt werden, dass die Bakterien, die oben am Haar des Hundes leben, nicht die gleichen sind wie die im Haarwurzelbereich. »Das ergibt auch Sinn, schließlich ist die Umgebung jeweils eine ganz andere«, sagt Dr. Dölle. »Es befinden sich bestimmte Bakterien oben auf der Haut, an den Haaren, an den Haarwurzeln und auch in den Talgdrüsen.« Zuhause in den Drüsen ist z.B. Cutibacterium acnes, das anaerob lebt, also keine Luft braucht. Wie der Name schon andeutet, kann es bei der Entstehung von Akne eine Rolle spielen. Auch von der Körperstelle hängt ab, welche Bewohner dort vorkommen: »Es handelt sich um unterschiedliche Nischen. Im Achselbereich etwa finden wir ganz andere Keime als im Bereich der Maulhöhle.«

Sowohl Hunde als auch wir Menschen werden durch unsere unsichtbaren Mitbewohner auf verschiedene Weisen beeinflusst – im positiven sowie negativen Sinne. Die metaphorischen Finger im Spiel hat das Mikrobiom beispielsweise in Sachen Immunsystem und was dessen Entwicklung angeht. »Darüber hinaus spielt es z.B. eine Rolle bei der Wundheilung«, ergänzt die Dermatologin. Welches Bakterium dabei genau was mache, sei noch nicht bekannt. Die Forschenden seien sich aber einig, dass alles, was auf der Haut passiere, auch in gewisser Weise durch das Mikrobiom dort beeinflusst werde.

»Außerdem schützen die Mikroorganismen der residenten Hautflora, also unsere Haus- und Heimbewohner, uns vor pathogenen Keimen«, beschreibt Dr. Dölle. Die Population sei relativ stabil, werde daher auch als »core microbiome« (Kern-Mikrobiom) bezeichnet und bestehe aus sehr vielen Mikroben. »Wir sagen immer: Diversität ist gut. Wir wollen sozusagen einen schönen bunten Mix.« Dieser verhindert für gewöhnlich, dass sich krankmachende Keime breitmachen können.

Eine Frage der Balance

»Bei hautkranken Hunden gerät das core microbiome ins Schwanken und die Diversität nimmt ab«, erklärt die Tierärztin. Eine derart ungünstige Konstellation konnten beispielsweise Untersuchungen an allergischen Hunden zeigen. Die Diskussion über den Zusammenhang klingt ein wenig wie die »Henne oder Ei?«-Frage. »Früher dachte man: ‚OK, weil die ungünstigen Bakterien in der Menge so zunehmen, haben die Allergiker einen Schub'«, berichtet Dr. Dölle. »Das wird immer noch diskutiert und schwankt über die Jahre hin und her. Es gibt auch Theorien, die besagen, dass die Bakterien erst kommen, wenn der Allergiker Entzündungen hat, das also sekundär ist.«

Was auf jeden Fall feststeht: Ekzeme verschlechtern sich deutlich, wenn z.B. zu viele Staphylokokken im Spiel sind. »Deshalb haben wir früher über Therapien mit Antibiotika auch Besserungen erzielt«, sagt die Expertin. Ganz so einfach ist das aber nicht mehr: »Jetzt leben wir im Zeitalter multiresistenter Keime – das heißt, wir wollen weg von Antibiotika.« Wie die Tierärzteschaft gemerkt hat, können problematische Bakterien auch wieder

Foto: esbuka/stock.adobe.com

zurückgehen, wenn sie nur die allergischen Entzündungen der Patienten behandeln. »Das ist wiederum sehr individuell«, schränkt Dr. Dölle ein, »aber super interessant. Die Hauterkrankungen und die Keime bedingen sich. Wir müssen immer gut schauen: Behandeln wir jetzt primär die allergische Grunderkrankung oder müssen wir uns auf die bakterielle Hautinfektion fokussieren? Dazu ist oft weitere Diagnostik notwendig.«

Ins Schwanken geraten kann die Gesellschaft von Mikroben durch innere sowie äußere Einflüsse. Zu letzteren zählt praktisch alles um uns herum, wie die Feuchtigkeit und Temperatur der Umgebung. »Sowohl wo Hunde sich aufhalten als auch mit wem sie in Kontakt kommen, spielt eine Rolle«, berichtet Dr. Dölle. Wenngleich das Mikrobiom sich in gewissem Maße anpassen kann, konnten Studien zeigen, dass wirklich jeder Hund sein eigenes hat und der »Kern« sehr individuell bleibt. Sichere Daten zu lebenslangen Verläufen, also wie sich der Mix aus Mikroorganismen entwickelt, fehlen noch.

Foto: Kirsten Davis/peopleimages.com/stock.adobe.com

Austausch zwischen Hund und Mensch

Bei den transienten Organismen, die nicht zur Kernmannschaft gehören, sondern nur für eine gewisse Zeit Teil des Mikrobioms sind, kann auch zwischen Hund und Mensch ein Austausch stattfinden. So wurden etwa bei Tierärzten und TFAs Varianten von Bakterien nachgewiesen, die eigentlich zum Hautmikrobiom des Hundes gehören und umgekehrt. Bleibt der enge Kontakt aus, geht das wieder zurück, da sich die »Hunde-Varianten« eben doch auf dem Hund wohler fühlen als auf dem Menschen.

Verketten sich mehrere ungünstige Faktoren, könnte beispielsweise der Keim, der über-tragen wurde und vorübergehend auf uns wohnt, allerdings ein multiresistenter sein. Kombiniert etwa mit einem allergischen Schub des temporären Gastgebers, sind Probleme vorprogrammiert. »Es ist unwahrscheinlich komplex, die ganzen Faktoren immer im Blick zu behalten«, weiß Dr. Dölle. »Aber Fakt ist: Alles von außen kann ein Einfluss sein und zumindest eine phasenweise Veränderung mitbringen.«

Gesunde Hunde, kranke Hunde

Die Fachfrau wird häufig gefragt, was vermieden werden sollte, um den Hund vor einem Ungleichgewicht im Mikrobiom und damit verbundenen Problemen zu schützen. Eine beruhigende Tatsache: Vierbeiner ohne Grunderkrankungen kommen für gewöhnlich damit zurecht, wenn sich zeitweise Faktoren ungünstig verändern. »Ist der Hund gesund und hat ein sehr diverses Mikrobiom, führen etwa erhöhte Feuchtigkeit oder Trockenheit nicht zwingend zu Problemen.« Ist das Tier vorbelastet, sieht das anders aus: »Wenn der Hund etwas mitbringt, was schon nicht so ideal ist, und dann ist es auch noch zu feucht oder zu trocken, kann das schnell kippen. Das merken wir bei vielen allergischen Patienten. Sie entwickeln dann z.B. Hefepilzinfektionen.« Malassezien, die klassischen Hefepilze beim Hund, sind bis zu einem gewissen Grad ein normaler Teil des Mikrobioms. Gerade bei Allergikern können sie aber eben unter gewissen Voraussetzungen zügiger überhandnehmen.

Daran, dass ein Hund an Allergien leidet, lässt sich in vielen Fällen (bisher) wenig ändern. Unter Umständen profitiert seine Haut von feuchtigkeitsspendenden Produkten oder Pillen und Spot-ons, welche die defekte Hautbarriere stärken sollen. »Auf lange Sicht würden wir Dermatologen sagen: ‚Ja, das kann man unterstützend geben'«, erklärt Dr. Dölle. »Das entscheidende Wort hier ist ‚unterstützend'. Eine Heilung lässt sich damit nicht herbeiführen, oder dass ein Allergiker den nächsten Schub nicht bekommt.«

Aber können wir, wenn es um die Diversität des Mikrobioms schlecht bestellt ist, gezielt die »guten« Mikroorganismen auf der Haut fördern und ungünstige Bedingungen für ungewünschte schaffen? »Es gibt auf dem Markt die ersten Produkte, die reklamieren: ‚Wir stärken das Mikrobiom der Haut'«, weiß die Tierärztin. Zur Unterstützung der Mikroben im Verdauungstrakt sind ja schon länger Präparate zu haben. »Das klingt natürlich super«, sagt Dr. Dölle. Sie sieht allerdings die gleichen Hürden wie bei den Mitteln für den Darm, die dem Körper etwa Milchsäurebakterien zuführen: »Bei manchen Tieren hilft's, bei anderen führt's genau zum Gegenteil – weil es eben so individuell ist. Und wissen wir denn, dass wir das Hautmikrobiom mit einer oder wenigen zugeführten Spezies von Mikroorganismen in genau die richtige Richtung bringen? Es hat so viele unterschiedlich bestückte Nischen, das wird sehr komplex.«

Foto: macwhirterj/stock.adobe.com

Innere Einflussfaktoren

Dazu, ob und wenn ja inwiefern sich innere Faktoren wie z.B. Stress auf das Mikrobiom der Haut beim Hund auswirken, existieren aktuell keine belastbaren Studien. »Ich würde basierend auf meiner Praxiserfahrung aber schon sagen, dass Stress ein Faktor ist, gerade bei Allergikern«, sagt Dr. Dölle. Bei Menschen sei das bereits bekannt, aber auch besser zu untersuchen. Haben wir mehr Stress, senkt das die Juckreizschwelle, atopische Exzeme nehmen zu. Jedoch stehen wir auch hier wieder vor der Frage: Was kommt zuerst? Ist vielleicht das Mikrobiom durch den Stress aus der Balance geraten und bekommt der Betroffene deswegen einen Schub? Oder ist es umgekehrt und er hat aufgrund des Stresses einen entzündlichen Schub, der das Mikrobiom aus dem Gleichgewicht bringt? Vielleicht ist es ja auch individuell unterschiedlich? Die sichere Antwort steht noch aus oder könnte gar individuell verschieden sein.

Dr. Dölle erwartet, dass die Forschung in Zukunft weitere Erkenntnisse liefern wird und möglicherweise auch Produkte auf den Markt kommen, die Patienten mit Hautproblemen über deren Mikrobiom helfen. Begrüßenswert wäre das allemal. Noch haben die Wissenschaftler aber an einer Komplexität zu knabbern, die unsere aktuellen Möglichkeiten übersteigt. »Einerseits weiß man so viel, andererseits weiß man noch gar nicht so richtig, was genau passiert und wie alle Interaktionen vonstattengehen«, fasst die Veterinärdermatologin den interessanten Punkt zusammen, an dem wir in unserem Verständnis der Mikrobiome stehen. Sicher ist, dass die unsichtbaren Universen Forschende weltweit noch lange beschäftigen werden.

EXKURS: JUCKREIZ

Allgemein gesprochen handelt es sich bei Juckreiz um ein unangenehmes Gefühl, das im Gehirn den Wunsch erzeugt, zu kratzen. In der Haut befindet sich ein sehr komplexes Netzwerk aus verschiedenen Zellen und von ihnen ausgesonderten Botenstoffen, die Juckreiz erzeugen. Die Signale werden mithilfe von Nervenbahnen über das Rückenmark bis zum Gehirn transportiert. Wenn sich das Tier – oder der Mensch – dann kratzt, kommt es zu einer Art Belohnung dafür. Was sich gut anfühlt, wollen wir wieder spüren – deswegen entsteht oft ein Juck-Kratz-Zyklus. »Die häufigste Art von Juckreiz, die wir beim Hund sehen, nennen wir dermatologischen Juckreiz«, erläutert Dr. Dölle. »Zu deren Auslösern gehören z.B. Parasiten und Allergien. Im Falle der Parasiten ergibt es Sinn, dass der Körper mit Juckreiz reagiert, denn er will sie ja loswerden.« Im besten Fall juckt es den Hund, er kratzt sich und wirft so den unerwünschten Passagier von Bord. Das gelingt aber eben nicht immer – gerade Flöhe sind ja ziemlich schnell und rapide nicht mehr nur in geringen Zahlen auf der Haut unterwegs. Neben Parasiten und Allergien können auch Bakterien und Pilze zu Juckreiz führen.

Darüber hinaus können Hunde von neurologischem Juckreiz betroffen sein, wenngleich dieser eine vergleichsweise kleine Rolle spielt. Es handelt sich dabei um ein Symptom ernster, im Bereich des Zentralnervensystems verorteter Probleme.

Betroffen ist z.B. der Cavalier King Charles Spaniel. Bedingt durch eine Missbildung des Schädels – dieser ist zu klein für das Gehirn – fließt der Liquor (auch Zerebrospinalflüssigkeit oder umgangssprachlich Hirnwasser genannt) nicht so frei im Gehirn und Rückenmark wie bei anderen Hunden. Das kann zu einem Hydrozephalus (Wasserkopf) führen. »Bei diesen Hunden herrschen veränderte Druckverhältnisse und sie fangen an, sich am Kopf zu kratzen. Sie werden uns Dermatologen teilweise mit Juckreiz vorgestellt, haben aber eigentlich eine neurologische Erkrankung. Sie haben keinen Juckreiz, sondern vermutlich eher ein Druckgefühl und Schmerzen.« Eine weitere Folgeerscheinung der Schädelmissbildung sind mit Flüssigkeit gefüllte Hohlräume im Rückenmark (Syringomyelie), die zu Druck führen und Schmerzen verursachen. Die betroffenen Hunde kratzen sich im Bereich des Halses oder der Schulter.

Der sogenannte psychogene Juckreiz tritt primär bei uns Menschen auf und hat psychische Ursachen, wie etwa Stress. »Grundsätzlich würde ich schon sagen, dass bei allergischen Hunden Stress eine Rolle spielt und die Juckreizschwelle senken kann«, sagt Dr. Dölle über ihre Patienten. »Aber es ist schwer nachweisbar, weil wir die Hunde natürlich nicht gut befragen können.« Kratzen oder lecken unsere Vierbeiner sich in Konflikt- und Stresssituationen, kann es sich dabei übrigens um Übersprungshandlungen handeln. Das Verhalten passt in diesen Momenten aus unserer menschlichen Sicht gar nicht zum Geschehen. Es hilft dem Hund aber, Stress loszuwerden oder zu deeskalieren, erfüllt also durchaus einen Zweck. Ob der Vierbeiner dabei tatsächlich Juckreiz spürt, ist allerdings aktuell nicht bekannt.

Schnelle Linderung

Natürlich sind die Ursachenforschung und möglichst die Lösung des zugrundeliegenden Problems wichtig – aber wenn der Hund sich kratzt und schubbert, wollen wir ihm möglichst rasch Linderung verschaffen. Doch was tun, wenn wir den Termin beim Tierarzt nicht direkt bekommen haben und Parasiten wie Flöhe bereits ausschließen konnten? »Was gut hilft, ist, die betroffenen Stellen zu kühlen«, rät die Dermatologin. »Nicht selten, wenn Hunde sich kratzen, wird ihre Haut auch sehr schnell gerötet, besser durchblutet und dadurch warm. Die Wärme verstärkt den Juckreiz.« Die Haut mit feuchten Umschlägen zu kühlen, führe zu Beruhigung. Auch Umschläge mit abgekühltem schwarzem Tee könnten für Linderung sorgen. Dr. Dölle hat einen weiteren Tipp parat, der gerade auch bei Allergikern mit einem Schub helfe: Kontakt. Bekannt sei das z. B. als Hilfe für menschliche Babys mit Neurodermitis; sie werden in enge Bodys eingewickelt. »Das kann man beim Hund auch versuchen – natürlich ohne seine Atmung einzuschränken.«

Foto: privat

DR. Martin Bucksch ist Fachtierarzt für Kleintiere sowie Veterinärdermatologe und arbeitet bei den Tierärzten am Grandweg in Hamburg.

www.hauttierarzt-hamburg.de

Foto: Felix Matthies

Dr. med. vet. Maren Dölle ist europäische Spezialistin für Veterinärdermatologie (Dipl. ECVD). Sie leitet den Dermatologie-Service der AniCura Tierärztliche Spezialisten Hamburg und hat die Geschäftsleitung der Praxis inne.

www.anicura.de

Foto: privat

Dr. med. vet. Cornelia Fittschen ist Tierärztin mit der Zusatzbezeichnung Dermatologie beim Kleintier. Sie bietet ihre dermatologische Sprechstunde in je einer Praxis im Zentrum und im Süden Berlins an.

www.hauttierarztpraxis.de

SPANNENDE FACTS

Haut und Fell

Härchen im Körper

Die Schleimhaut der Atemwege besteht aus einer riesigen Masse an Zellen mit beweglichen Härchen, den Flimmerhärchen. Über diesem »Teppich« liegt ein wässriger Schleim. Bleiben eingeatmete Partikelchen an der Oberfläche kleben, können die Flimmerhärchen sie durch ihre rhythmischen Bewegungen zum Rachen transportieren. Dann werden sie geschluckt und im Magen unschädlich gemacht.

pH: das Wort hinter der Abkürzung

Die Buchstaben »pH« in pH-Wert stehen für potentia hydrogenii. Das bedeutet »Stärke des Wasserstoffs« und bezieht sich auf die Konzentration von Wasserstoffionen einer Lösung. Je mehr Wasserstoffionen enthalten sind, desto saurer ist sie. Die Skala reicht von sauer (0) bis basisch (14). Ist etwas »pH-neutral« – wie etwa Wasser mit dem pH-Wert 7 – reagiert es weder sauer noch basisch.

Wal, Igel & Co.

Was haben Sie und ein Igel gemeinsam? Haare, ebenso wie Finger- und Zehennägel, Krallen, Klauen, Hufe und Hörner – und eben die Stacheln eines Igels sowie Barten eines Wals – bestehen überwiegend aus Keratin. Dieser Begriff fasst verschiedene wasserunlösliche Faserproteine zusammen.

Allergieentwicklung

Hilft eine bestimmte Behandlung einem Allergiker, muss sie noch lange nicht bei einem anderen erfolgreich sein. Je nach Hunderasse können ganz unterschiedliche Gene damit in Verbindung stehen, dass ein Individuum Allergien entwickelt. Beim Hund scheint es so zu sein, dass unterschiedliche Rassen unterschiedliche Typen von atopischer Dermatitis haben. Genau geklärt ist das allerdings noch nicht.

Wer hat wie viele Haare?

Je nachdem, welche – natürliche – Haarfarbe wir Menschen haben, wachsen zumindest laut statista.com unterschiedlich viele Haare auf unseren Köpfen. Die Blondinen liegen mit 150.000 Haaren auf Platz 1. Dahinter reihen sich mit 110.000 Haaren die Brünetten ein. Rang 3 belegen Schwarzhaarige, die wohl »nur« 100.000 Haare haben. Mit 90.000 Haaren bilden die Rotschöpfe das Schlusslicht.

Kurze Haare, lange Haare

Zumindest theoretisch können die Haare auf unserem Kopf rapunzelartige Längen erreichen, die in der Armbeuge oder an den Beinen hingegen nicht. Das liegt daran, dass die Phasen der aktiven Haarbildung, in der Haare länger werden, je nach Haartyp unterschiedlich lang andauern. Zudem wachsen Haare unterschiedlich schnell. Die Haare auf unseren Köpfen wachsen 2 bis 6 Jahre lang, Wimpern oder Beinhaare jedoch nur 30 bis 45 Tage.

Schutz vor der Sonne

Eine halbe Stunde bevor es in die Sonne geht, sollte die Haut eingecremt werden – mit so viel Produkt, wie sie aufnimmt. Wichtig dabei: an Kopf und Nasenrücken denken. Manchmal ist das leichter gesagt als getan, dann sollte die pralle Sonne gemieden werden. Ist es nicht anders möglich, kann eventuell Kleidung mit UV-Schutz helfen – die ist mittlerweile auch für Hunde erhältlich.

Hilfe bei Sonnenbrand

Hat Ihr Hund doch einmal Sonnenbrand davongetragen, eignet sich als kühlendes Hausmittel Joghurt oder Quark. Entzündungshemmend wirken sie jedoch nicht. Sehr stark gerötete Haut, eventuell sogar mit Blasenbildung, wird einen Tierarztbesuch erfordern.

Vorsicht bei Ventilatoren

An sich spricht erst einmal nichts dagegen, dass Ihr Hund sich vor den Ventilator legt – viele Vierbeiner genießen das sogar. Allerdings sorgt das Gerät bei ihnen nicht für Abkühlung und kann bei Dauer-Zugluft zu Bindehautentzündungen führen. Wir Menschen spüren bei der Nutzung eines Ventilators Abkühlung, weil sie die Luft um uns herum in Bewegung versetzen. Sie pusten also durch verdunsteten Schweiß feucht gewordene Luft weg, weshalb weiter Schweiß von der Haut verdunsten kann. Hunde schwitzen aber nicht so effektiv wie wir. Das gilt es mit Blick auf das Tierwohl zu bedenken.

Foto: Oszkár Dániel Gáti/stock.adobe.com

3

DER BEWEGUNGS-APPARAT UND KÖRPERBAU

Was schätzen Sie: Wie viel Energie verbraucht ein aktiver Hund, der mehrere Stunden pro Tag im Freilauf unterwegs ist, für die Fortbewegung? 20 Prozent – 50 Prozent? Noch mehr oder weniger? Tatsächlich wendet ein aktiver Vierbeiner gerade einmal 5 bis 10 Prozent seiner Energie täglich für die Bewegung auf. Dieser Wert lässt erahnen, wie gut der Körper des Hundes auf Bewegung ausgelegt ist. Der Großteil der Energie, rund 70 Prozent, gehen für den Wärmehaushalt drauf: Der Körper muss konstant auf rund 38,5 Grad Celsius gehalten werden – das kostet.

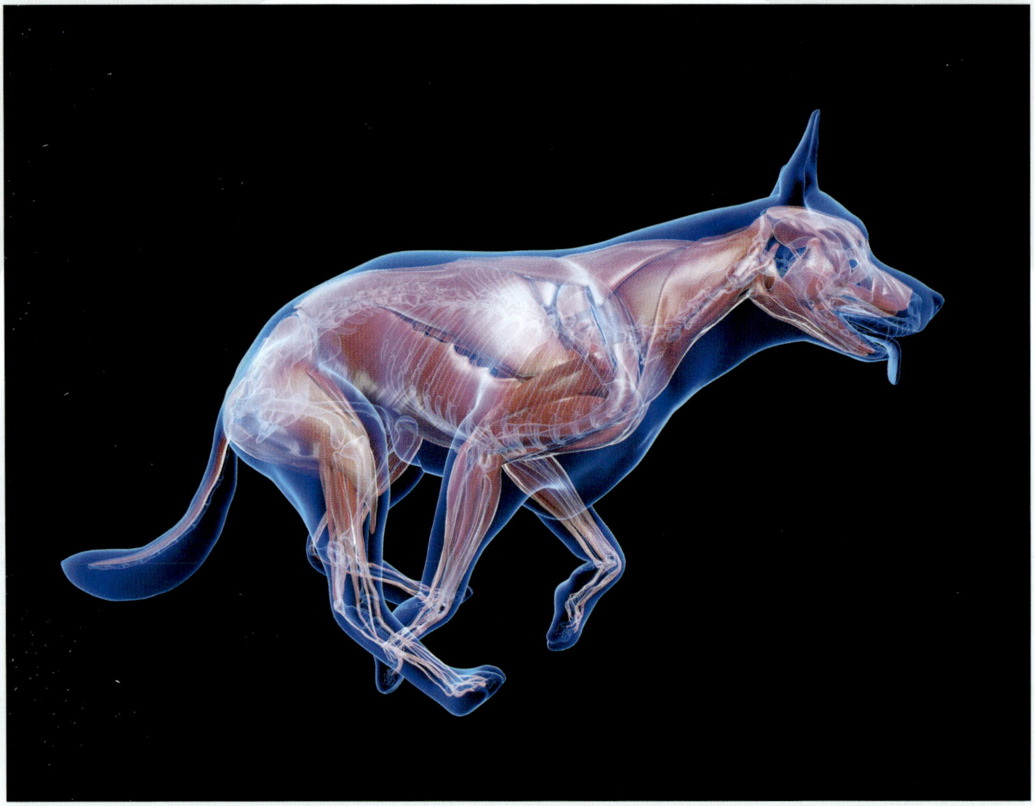

Grafik: SciePro/stock.adobe.com

Wer macht hier was?

Die Strukturen, aus denen sich der Bewegungsapparat unserer Hunde zusammensetzt, sind gar nicht so anders als unsere. Auch die Vierbeiner sind auf Knochen, Muskeln, Gelenke, Bänder, Sehnen und Faszien angewiesen. Durch ihren Körperbau sind sie allerdings dazu in der Lage, sich sehr viel energiesparender fortzubewegen, als wir das zu Fuß je könnten. entsprechend der Funktion, für die sie gezüchtet wurden, unterscheiden sie sich spannenderweise zudem untereinander ein bisschen.

Verbinder

Aber der Reihe nach. »Die Muskulatur versetzt das Skelettsystem in Bewegung. Dank ihr kann der Körper Gelenke bewegen und aktiv von A nach B gelangen«, beginnt Dr. Alexandra Keller ihre Erklärung. Sie ist Fachtierärztin für Chiropraktik, Sportmedizinerin und

Leiterin des Tierärztlichen Orthopädie Teams Frankfurt in Frankfurt am Main. So weit, so gut. Aber wie sind diese Teile miteinander verbunden? Nun, zwischen den Knochen übernehmen diese Aufgabe die Gelenke. Davon hat ein Hund 12 große, wie Ellenbogen und Schulter. Insgesamt schafft er es sogar auf rund 200 der Verbindungsstellen. Das Bindeglied zwischen Knochen und Muskulatur wiederum sind die Sehnen. »Sie heften aber nicht einfach am einen Ende am Knochen und am anderen an der Muskulatur an«, weiß die Expertin. »Vielmehr gehen von der Muskulatur die Fasern langsam in die Sehne über, bündeln sich und dann gehen diese Strukturen langsam in die Knochenstrukturen über.« Dabei wirken Sehnen ein bisschen wie Stoßdämpfer und geben die Bewegung mit vor. Sie übertragen die Kraft von der Muskulatur auf das Skelettsystem. Ein gutes Beispiel dafür ist die ziemlich dicke Achillessehne in der Hinterhand.

Stützer und Former

Im Gegensatz zu dieser aktiven Rolle stehen die Bänder, die gänzlich passiv ihre Aufgabe erfüllen, wie die Expertin beschreibt: »Bänder sind relativ feste kollagene Strukturen, die direkt an einem Gelenk liegen und ihm eine gewisse Stabilität geben. Erst seit einigen Jahren interessieren sich Forscher- und Mediziner vermehrt für eine weitere Struktur des Bewegungsapparats – Faszien. »Dabei handelt es sich um gebündeltes, etwas festeres Bindegewebe, das überall im Körper verteilt ist«, erklärt die Fachfrau. »Es gibt dem Körper eine gewisse Form.« Anfangs habe man gedacht, dass es sich einfach nur um Bindegewebe ohne große Funktion handele. Bei chirurgischen Eingriffen sei es weggeschnitten worden. »Heute ist hingegen bekannt, dass die Faszien sehr wohl auch für die Funktion des Bewegungsapparats wichtig sind und beim Thema Schmerzen eine große Rolle spielen. Das Gewebe enthält Rezeptoren, die Reize weiterleiten können.«

Wird z.B. während einer orthopädischen Untersuchung festgestellt, dass ein Hund verklebte und schmerzhafte Faszien hat, müssen diese wieder möglichst beweglich gemacht werden: »Sie sollen wieder gegeneinander gleiten und funktionieren können«, betont die Tierärztin. »Sind die Faszien – gerade am Rücken – beweglich, beeinflusst das die Gesamtfunktion des Rückens, die Muskulatur und die Geschmeidigkeit des Bewegungsablaufs enorm.« Ob bei den Faszien am Rücken Ihres Hundes alles im Lot ist, hat er Ihnen vielleicht im Alltag schon einmal gezeigt. Zeigt er sich bei Berührungen dort empfindlich, zuckt zusammen, lässt sich nicht so gern bürsten, oder weicht aus, kann das genauso damit zusammenhängen, dass faszientechnisch Optimierbedarf besteht, wie wenn er z.B. »Massagen« dort regelrecht einfordert. Am besten lassen Sie tiermedizinisch abklären, ob lediglich die Faszien verklebt sind, oder ob dahinter ein ernsteres Problem steckt.

Die Aufgabe beeinflusst die Form

Lassen wir die brachyzephalen Rassen mit ihren besonderen Schädeln außen vor, sind sich alle Hunde im strukturellen Körperbau recht ähnlich. Je nachdem, für welche Aufgabe(n) eine Rasse allerdings gezüchtet wurde, gibt es durchaus auch Unterschiede. »Schaue ich mir einen Border Collie an, hat dieser eine andere Lockerheit der Gelenksstrukturen als ein Greyhound, der wesentlich stabiler ist und viel schneller laufen soll«, sagt Dr. Keller. Auch die Muskulatur weißt abhängig vom Zweck, für den ein Hund und dessen Vorfahren selektiert wurden, Unterschiede auf. Nehmen wir 2 Gruppen, die an unterschiedlichen Enden des Laufspektrums zu finden sind: Schlitten- und Windhunde.

»Ein Schlittenhund als Ausdauerläufer unterscheidet sich deutlich von einem Windhund, der sprinten soll«, erklärt die Expertin. Sie fährt fort: »Bei Greyhounds z.B. sieht man schon etwas mehr die Muskelfasern, die dafür da sind, dass sie sich ganz schnell bewegen können. Ein Schlittenhund hat eher Ausdauermuskulatur.« Diese Arten von Muskulatur unterscheiden sich also voneinander. Dr. Keller zieht den Vergleich zwischen einem Bodybuilder und einem Marathonläufer heran: »Muskeln, die für die Ausdauer sind, werden nicht deutlich dicker, auch wenn wir sie trainieren. Sie bleiben schlank, verbrauchen sehr viel Sauerstoff, sind nicht ganz so schnell. Ein Windhund hat mehr von den Fasern, die sehr schnell kontrahieren können und die beim Training dicker werden.« Haben wir nicht gerade ein absolutes Muskelpaket vor uns, steuert die Muskelmasse eines normal trainierten Vierbeiners übrigens rund die Hälfte seines Körpergewichts bei.

Hinterhand und Vorderhand

Abgesehen von solchen Spezialisierungen erstaunt aber der Bewegungsapparat aller Hunde mit seinem Zusammenspiel spezialisierter Partner. Auch zwischen den Vorder- und

Foto: Lena Schwarz

Hinterbeinen sind die Aufgaben ausgeklügelt aufgeteilt. In jedem Hund verbirgt sich dabei beste Biomechanik. Den Schub für die Fortbewegung liefern vor allem die hinteren Gliedmaßen.

Damit dabei möglichst wenig Energie verloren geht, sind Gelenke nötig. Die Kraft wird von den Zehen über die Füße, Unterschenkel, Oberschenkel und das Becken in die Wirbelsäule geleitet. Das, was dort angelangt, führt den Hund nach vorne. Wie viel Schub produziert wird, hängt von der Größe und der Zusammensetzung der Muskulatur (Muskelfasern) ab – kürzere Beine sorgen für weniger Hebelwirkung. Zum Landen nach Sprüngen wiederum sind die Hintergliedmaßen nicht gemacht; das würde die Gelenke dort zu stark belasten. Beachtet werden sollte das z.B., wenn der Hund Frisbees aus der Luft fangen soll – werfen Sie die Scheibe besser so, dass der sich nicht senkrecht nach oben schrauben muss.

»Die Vorderhand ist eher dazu da, die Richtung vorzugeben und darauf ausgelegt, Sprünge abzufedern«, erklärt Dr. Keller. »Daher haben Hunde auch kein Schlüsselbein, es besteht keine knöcherne Verbindung der Vorderbeine mit dem restlichen Bewegungsapparat.« Die Vorderhand und Rumpf sind also nicht verbunden. Stattdessen halten Muskelschlingen das Schulterblatt an seiner Position. Das können Sie an Ihrem

Hund nachfühlen, während er auf der Seite liegt: Bewegen Sie sein Bein und legen Sie Ihre andere Hand auf sein Schulterblatt: Sie werden merken, dass dieses auf dem Brustkorb frei beweglich ist.

Vorsicht, empfindlich

Hunde sind im Bereich der Gelenke relativ anfällig für Beschwerden, etwa an den Handwurzelgelenken der Vorderhand und Sprunggelenken in den Hinterhänden. »Das liegt daran, dass ein Gelenk ein Zusammenspiel vieler verschiedener Strukturen ist«, erläutert die Tierärztin. »Verschiedene Muskulaturen, Sehnen, Bänder und im Fall der Knie auch Kreuzbänder und Menisken arbeiten zusammen. Damit das klappt, müssen sie fein aufeinander abgestimmt sein.«

Zu einer Verstauchung kommt es schnell einmal. Dabei handele es sich im Endeffekt um eine Überdehnung von Bändern und den Strukturen, die ein Gelenk umschreiben. »Bänder stabilisieren zwar die Gelenke, sind aber nicht sehr elastisch. Werden sie über den regulären Elastizitätsradius hinaus belastet, bei extremen Sprüngen oder wenn der Hund wie beim Bällchen jagen immer wieder etwas überlastet wird, können sie irgendwann auch mal reißen.« Haben sich Hunde eine Verstauchung zugezogen, laufen sie sich häufig relativ schnell wieder ein. »Wenn Sie dann aber zuhause mal richtig gelegen haben, humpeln sie vielleicht ein bisschen deutlicher. Wer sich das zutraut, kann fühlen, ob eine Stelle warm oder geschwollen oder der Hund empfindlich ist. Hält das 1, 2 Tage an, würde ich den Hund immer eher früher dem Tierarzt vorstellen. Er oder sie kann gut abschätzen, ob das nur eine normale Verstauchung ist, die in ein paar Tagen verschwinden wird, oder ob mehr dahintersteckt.« Abgesehen von den akuten Beschwerden, die sich ergeben, kann dummerweise jeder Schaden, der an einem Gelenk entsteht, dafür verantwortlich sein, dass langfristig degenerative Probleme entstehen.

Arthrose und Arthritis

Hunde jeden Alters können von diesen beiden Erkrankungen betroffen sein – das Tierärztliche Orthopädie Team Frankfurt hat sogar Patienten, die noch kein Jahr alt sind. Einerseits ist es zwar erschreckend, dass bereits so junge Hunde mit Erkrankungen des Bewegungsapparates behandelt werden müssen. Andererseits können die Fachleute den

Tieren umso besser helfen, je früher sie die Probleme erkennen und mit den individuell zugeschnittenen, oft aus mehreren Komponenten bestehenden Maßnahmen zur Behandlung loslegen.

»Eine Arthritis ist eine akute Entzündung in einem Gelenk. Sie entsteht z.B. aufgrund einer akuten Verletzung, kann aber auch immunbedingt sein, oder durch Erreger hervorgerufen worden sein, wie bei einer Borreliose«, sagt die Tierärztin. Bei einer Arthrose hingegen handelt es sich um eine chronische, degenerative Gelenkerkrankung. Es kommt langfristig zu Veränderungen, die ursprünglich wahrscheinlich einmal mit einer akuten Arthritis verbunden waren. Die möglichen Ursachen von Arthrose sind vielfältig: Chronische Überbelastung, zu wenig Belastung, Fehlstellungen, Unfälle, Operationen oder fortschreitendes Alter können zu ihr führen. Nutzt sich der Knorpel ab, wird der Spalt im betroffenen Gelenk kleiner und Knochen reibt auf Knochen.

»Arthrosen verlaufen in mehreren Stadien, die Veränderungen potenzieren sich immer mehr. Es kommt zu Umbauvorgängen wie Verkalkungen und Exostosen – das sind im

Foto: Lena Schwarz

Prinzip Auflagerungen, die der Körper um das Gelenk baut, in dem Versuch, es wieder stabiler zu machen.« In den akuten Phasen sind Arthrosen meist mit Schmerzen verbunden, die Gelenke eventuell dick und warm. Sie wechseln sich mit Zeiträumen ab, in denen der Hund weniger starke Schmerzen hat.

Arthrose lässt sich lediglich im Fortschreiten verlangsamen. Um sie zu behandeln, werden in der Regel mehrere Ansätze kombiniert. »Das kann zum einen eine Schmerz- und Entzündungstherapie sein, zum anderen eine Bewegungstherapie mit Physio, und auch Chiropraktik und Osteopathie, um die Schonhaltung des Bewegungsapparats zu korrigieren«, beschreibt Dr. Keller. Der lokale Einsatz von regenerativer Medizin in betroffene Gelenke wirkt entzündungs- und schmerzlindernd und trägt zum Schutz der Gelenkoberflächen bei. Ist erst einmal der passende Mix gefunden, können die betroffenen Hunde glücklicherweise bei guter Lebensqualität sehr alt werden.

Mein Hund humpelt!

Bewegt sich ein Hund plötzlich nicht mehr wie gewohnt, kann dahinter eine Arthrose oder Arthritis stecken – oder etwas anderes. Wie reagieren wir am besten? »Beginnt der Hund während eines Spaziergangs zu humpeln, holt man ihn ja normalerweise erst einmal zu sich und schaut, ob er sich vielleicht etwas in die Pfote getreten und dort eine Wunde hat. Das kommt ja öfter mal vor«, sagt die Spezialistin. Natürlich könne es auch sein, dass er sich vertreten hat und ein Muskel oder Gelenk ein bisschen wehtut. Oft sei das Humpeln nach einer halben Stunde schon nicht mehr zu sehen. »Es ist aber gut, sich zu merken, an welcher Stelle das Problem auftrat – für den Fall, dass der Hund später einmal erneut humpelt. So kann man eher noch vergleichen, ob es wieder an der gleichen Stelle auftritt.« Trete ein Problem immer wieder auf, oder halte es länger als 1 bis 2 Tage an, rät die Expertin dazu, das untersuchen zu lassen. »Manchmal werden anfangs ‚banale' Geschichten später doch zu schwerwiegenderen Problemen.«

Den Körper unterstützen

Indem wir darauf achten, unsere Hunde ausgewogen und gesund zu ernähren und auf dem passenden Gewicht zu halten, helfen wir dem Bewegungsapparat schon einmal ungemein. Übergewicht ist schließlich nicht nur mit einer erhöhten mechanischen Belastung verbunden.

»Fett beeinflusst hormonell auch das Wachstum und den Schluss der Wachstumsfugen.« Noch dazu steigen die Entzündungsparameter im Körper, wenn viel Fettgewebe vorhanden ist.

Zum Wohl des Bewegungsapparats empfiehlt es sich laut der Expertin zudem, auf eine gesunde Mischung unterschiedlicher Bewegungsformen zu achten: »Freilauf und freies Bewegen sind eine wichtige Sache, weil der Hund dabei immer wieder andere Muskeln und Bereiche der Gelenke trainiert und aktiviert, als wenn er immer nur geradeaus läuft. Seitwärtsbewegungen sind wichtig, damit die Muskulatur gestärkt wird und die kollagenen Fasern und Nerven bewegt werden. Die Bewegung gibt dem Nervensystem Input, das Nervensystem wiederum gibt Output und aktiviert die Muskeln des Bewegungsapparats.«

Wer mag, kann in Absprache mit dem Tierarzt auch Ergänzungsmittel mit Kollagen und Grünlippmuschel geben, »um den Stoffwechsel des Bewegungsapparats positiv zu unterstützen«. Anders sieht es bei Präparaten aus, die Wirkstoffe aus der Teufelskralle enthalten. Diese können schmerz- und entzündungslindernd wirken und sollten nicht einfach zum Einsatz kommen, wenn der Hund gar keine Beschwerden hat: »Ich nehme ja morgens auch nicht eine Schmerztablette, vorsichtshalber.«

Alexandra Keller rät schließlich dazu, regelmäßige Kontrollen in der Tierarztpraxis auch mit orthopädischen Checks zu verbinden. »Je früher wir etwas erkennen, desto besser können wir helfen.« Zu guter Letzt tue es Hunden auch gut, wenn wir mit ihnen Koordination und Spannung des Körpers im Alltag trainieren: »Dazu können wir natürlich Igelkissen nutzen. Es ist aber auch super, wenn der Hund im Wald auf Baumstämmen balancieren darf. Wir können auch ganz bewusst mit ihm ins Unterholz gehen und ihn für ein paar Minuten langsam und koordiniert über Stöcke und Äste laufen lassen. Er soll ordentlich die Füße heben! Sie sind lieber zusammen mit weiteren Mensch-Hund-Teams unterwegs? Einige Hundeschulen bieten Kurse an, in denen Hunde genau diese Fähigkeiten trainieren.«

Gesund groß werden

Neben angemessener Bewegung ist die Ernährung eine Grundsäule des gesunden Körpers. Das fängt im Welpenalter mit einem auf den wachsenden Hund abgestimmten Futter an. Es muss nicht nur die richtige Menge an Nährstoffen liefern, sondern diese auch in den passenden Zusammensetzungen. Sowohl Mängel als auch Überversorgungen können die Knochen und Gelenke schnell negativ beeinflussen und sogar lebenslange

Foto: Lena Schwarz

Beschwerden nach sich ziehen. Gerade Selberkocher oder Barfer lassen am besten individuelle Rationsberechnungen vornehmen. Darüber hinaus empfiehlt es sich, anhand einer Wachstumskurve das zum Alter passende Gewicht zu überprüfen. Je größer der Hund einmal wird, desto stärker sollte darauf geachtet werden, dass er während der Phase des Wachsens keine Spitzenbelastungen mitmachen muss.

Der Körperbau

Wozu ein Hund in der Lage ist und wozu nicht, kann auch mit seinem Körperbau zu tun haben. Setzt dieser ihm Grenzen, bleibt das leider oft unerkannt und wird unfairerweise mit Sturheit oder gar mangelnder Intelligenz erklärt. Mit der Wahrnehmung ist das ja auch so eine Sache: Wir bekommen nur mit, worauf wir zu achten gelernt haben. Unsere menschliche »Werkseinstellung« etwa erlaubt es uns nicht, die Körpersprache von Hunden einfach so zu verstehen – Wissen über diese Form der Kommunikation, ihre Feinheiten und mögliche Bedeutungen müssen sich die meisten von uns erst aneignen. Haben wir das trainiert, öffnet sich quasi eine ganz neue Welt.

Ganz ähnlich verhält es sich mit dem Körperbau des Hundes: Ein geschärfter Blick darauf kann uns weitaus mehr verraten, als nur wie groß oder klein der Vierbeiner ist und ob er eher zu den quadratisch oder länglich gebauten Vertretern seiner Art gehört. Dieses Wissen hilft uns dabei, seine Talente zu fördern und etwaige Limitierungen zu verstehen. Abweichungen des Körperbaus vom Ideal bedeuten dabei nicht zwangsläufig, dass ein Hund Schmerzen hat und kein schönes Leben führen kann. Sind wir uns dieser bewusst, können wir aber vermeiden, ihn in Situationen zu bringen, in denen er schlechte Karten hätte – ohne etwas dafür zu können. Entgegen landläufiger Annahmen ist beispielsweise nicht jeder Hund dazu in der Lage, uneingeschränkt Fährten zu folgen oder zu schwimmen.

In was wächst du hinein?

Bereits bei jungen Welpen lässt sich innerhalb eines bestimmten Zeitfensters erkennen, wohin sich ihr Bewegungsapparat entwickeln wird. Spannend ist das insbesondere für die Zucht sowie Menschen, die den Hund für eine bestimmte Aufgabe ausbilden oder als Sporthund führen möchten. Träume, was man mit dem zukünftigen Hund einmal alles unternehmen will – beispielsweise ausgiebig wandern –, hat aber sicherlich jeder. Insofern ist das Wissen für alle Hundefreunde relevant.

Tatsächlich lassen sich schon früh gewisse Informationen am Hund »ablesen«. Doris Walder und Eva Holderegger Walser haben darin viel Erfahrung. Sie sind Hundezüchterinnen, schon lange engagiert im Hundesport und haben bereits bei Hunderten Welpen nach der Puppy-Puzzle-Methode der US-Amerikanerin Pat Hastings, die sie für den deutschsprachigen Markt aufbereitet haben, den Körperbau überprüft. Auch viele erwachsene Hunde haben sie analysiert. Ihr Wissen geben sie über Vorträge und Bücher – etwa das ebenfalls bei Müller Rüschlikon erschienene »Welpentest und Hundeanalyse: Körperbau – *Fit for Function* einfach erklärt« weiter.

»Pat und ihr Mann konnten feststellen, dass es ein kleines Zeitfenster gibt, in dem die Welpen so aussehen, wie sie ausgewachsen einmal aussehen werden – mit ein paar wenigen Ausnahmen«, erzählt Eva Holderegger Walser. Im Alter von 8 Wochen, plus oder minus 3 Tage, lasse sich der Welpentest durchführen. »Das ist leider spät, aber das Zeitfenster stimmt.« Wirklich herumgesprochen hat sich das aber noch nicht: »Beim Welpenkauf ist der Körperbau das meistvernachlässigte Kriterium«, zeigt Evas Erfahrung.

Farbe, Geschlecht oder die Abstammung sowie Titel der Elterntiere beeindrucken viele Menschen mehr. Doch nur, weil z. B. 2 besonders gute Sporthunde miteinander verpaart wurden, werde das nicht zwangsläufig ausschließlich zu Nachkommen mit der gleichen Eignung führen. »Gerade bei zukünftigen Sporthunden sollten die problematischen Schwachstellen im Welpentest kontrolliert werden«, rät die Expertin, die selbst lang mit ihren Hunden im Agility aktiv war.

Anfassen ist angesagt

Eva betont aber auch: »Am Welpen kann man nicht üben! Das Auge schulen muss man am erwachsenen Hund.« Dazu eignen sich neben Hunden, denen man im Alltag begegnet, ebenso Bilder, auf denen man Hunde seitlich stehend sieht. Auch die nötigen Handgriffe sollten an ausgewachsenen Tieren erprobt werden – die Toleranz von Welpen, ruhig auf einem Tisch zu stehen und sich anfassen zu lassen, ist für gewöhnlich schlichtweg zu kurz. Wichtige Informationen über den Körperbau, ob beim Welpen oder erwachsenen Tier, lassen sich mit etwas Übung recht gut visuell erkennen – und/oder erfühlen.

Zum einen schenken wir dazu den 3 sogenannten Balance-Linien Aufmerksamkeit, die Pat Hastings beschrieben hat. Die beiden Expertinnen aus der Schweiz analysieren zudem 2 »Rundungen«. Bei Hunden, die zu den Ausdauertrabern gehören (die meisten außer Terrier, Molosser und Galopper), ist auf die sogenannte Vorbrust zu schauen. Der Hund soll vorn nicht flach sein, sondern eine Rundung haben. Ist von ihr wenig bis gar nichts zu sehen, hat das Tier eine steil stehende Vorderhand, bedingt etwa durch einen zu kurzen, steilen Oberarm.

»Hinten hätten wir gern Knie«, ergänzt Eva die zweite Rundung. Der Hund soll also gut gewinkelt sein. Lässt das zu wünschen übrig, hat er zu kurze Hinterbeine und kann nicht für genug Schub sorgen. Gehört der Vierbeiner zu den schwerer gebauten Vertretern,

Foto: macrossphoto/stock.adobe.com

kann das zudem oft zu Kreuzbandproblemen führen. »Gute Kniewinkel gehen Hand in Hand mit guten Sprunggelenkswinkeln«, weiß die Expertin. »Tasten, tasten, tasten!«, lautet ihr Rat. Gerade bei Hunden mit viel Fell bleiben die wichtigen Stellen sonst versteckt. Das ist auch einer der Gründe, warum es so wichtig ist, dass Zuchtrichter bei Bewertungen Hand ans Tier legen.

Die Balance-Linien

Auch die Balance-Linien lassen sich mit etwas Übung recht einfach überprüfen. Dazu sollte der Hund so stehen, dass auf allen 4 Beinen Gewicht lastet und die Hintermittelfüße senkrecht gestellt sind. Eventuell ist es nötig, den Hund dazu am Bein anzufassen und es nach hinten zu führen, bis er diese Position eingenommen hat.

»Dann ziehen wir in unserem Kopf die erste Balance-Linie vom Boden nach oben durch das Vorderbein«, beschreibt Eva. Wer sich die Linie nicht so gut vorstellen kann, nimmt eine dünne Stange zu Hilfe (z.B. aus dem Topf einer Orchidee). »Wir schauen: Ist der Hals vor dieser Linie und führt sie durch den Widerrist? Wenn ja, hat der Hund in der Regel

Foto: Anna Auerbach/stock.adobe.com

eine korrekte Front.« Eine Vorbrust und eine gut gewinkelte Front sind wichtig, da sie den Hund Erschütterungen abfedern lassen.

Führte die Linie hingegen durch den Hals und wäre keine Vorbrust zu sehen, würde etwas im Körper nicht stimmen; die Front wäre zu steil und die Vorderhand stünde zu weit vorn. Der Ellenbogen (oben am Vorderbein auf Höhe des Brustkorbs) verdeckt dann nicht, wie eigentlich gewünscht, den tiefsten Punkt des Rumpfes. Der Hund hat eventuell einen zu kurzen und zu steil gestellten Oberarm. »Das kommt sehr oft vor«, hat Evas Erfahrung gezeigt. Bei Hunden mit steiler Front erschüttere jeder Schritt die Gelenke, was gerade bei schwer gebauten Hunden schnell zu Abnutzungen führe. Noch dazu könnten sie nur kurze Schritte machen: »Ein steil gewinkelter Hund kann nicht mit dem Hinterbein ins Trittsiegel des Vorderbeins gehen.« Derartig steil gebaute Hunde ermüden bei Bewegung schneller, längere Wanderungen sind für sie deutlich anstrengender.

Die nächste Balance-Linie ist entlang der Oberlinie zu ziehen, quasi waagerecht entlang des Rückens. »Mit dieser Linie kontrollieren wir den Hals«, erläutert Eva. »Wir möchten gerne, dass der Kiefer oberhalb der Linie oder gerade darauf liegt.« Zudem sollte er relativ gerade verlaufen. Befindet sich der gesamte Kopf oberhalb der Linie, ist der Hals

Foto: Lena Schwarz

ausreichend lang. Führte sie jedoch durch den Kopf, wäre der Hals zu kurz. »Ein kurzer Hals bedeutet kurze Schritte«, weiß die Expertin. Dahinterstecken kann z.B. eine zu steile Schulter.

Manche Hunde haben gar keinen zu kurzen Hals, auch wenn die Balance-Linie das bei ihnen zu zeigen scheint. Es gibt nämlich Individuen, die ihren Kopf einziehen. Erkennen lässt sich das bei glatthaarigen Hunden etwa, wenn das Fell im Halsbereich nicht glatt anliegt, sondern anders steht als am Rest des Körpers. Solche Hunde haben eventuell einen sogenannten »Schafhals«. Dabei handelt es sich um einen überbeweglichen Hals, verursacht durch zu lange und/oder zu lose Bänder. Ob ein Hund betroffen ist, prüfen die Expertinnen, indem sie in einer zügigen Bewegung mit der Hand den Kopf nach oben/hinten führen und fühlen, wo es Widerstand gibt. Lassen sich Kopf und Hals weit Richtung Wirbelsäule biegen – bei einer Uhr würde der Zeiger die 12 Uhr passieren – hat das Tier einen Schafhals.

»Das ist sehr instabil und eine ernstzunehmende Schwachstelle, die in allen Rassen vorkommt«, erklärt Eva Holderegger Walser. Betroffene Vierbeiner können etwa nicht gut fährten, da es ihnen unangenehm ist, den Kopf zum Boden zu senken. »Ein Hund mit einem Schafhals hat auch Mühe, zu schwimmen«, ergänzt sie. Tiere, bei denen er extrem ausgeprägt ist, würden gar nicht schwimmen. Sie betont, dass solche Hunde weder in den Sport, noch in die Zucht gehören. »Sie haben Kopf- und Nackenschmerzen und müssen dauernd den Nacken stabilisieren.«

Anhand der dritten Balance-Linie lässt sich kontrollieren, wie es um die Hinterhand eines Hundes bestellt ist. Die Linie führt vom Sitzbeinhöcker (Rute anheben und knöchernen Höcker darunter ertasten) senkrecht nach unten. »Es ist wichtig, dass der Hund auf allen 4 Pfoten steht und sich die Vorderbeine unter dem Widerrist und die Hinterbeine hinter dem Körper befinden«, betont die Fachfrau. Die Linie sollte bei einer moderaten, gut gewinkelten Hinterhand durch die Krallen führen. »Fällt die Senkrechte vor die Krallen, hat der Hund zu lange Beine. Geht sie durch die Pfote oder sogar dahinter, sind sie zu kurz.« Evas Beobachtungen über die Jahre haben gezeigt, dass Hunde mit zu kurzen Hinterbeinen meist eine vom Widerrist zum Rutenansatz ansteigende obere Linie haben.

An dieser Stelle können wir uns nicht sämtlichen spannenden Stellen des Körperbaus widmen – dazu empfiehlt sich die Lektüre des bereits erwähnten Buches –, 2 wichtige Punkte sollen aber noch angesprochen werden: die Sprunggelenke sowie die Pfoten mit den Ballen. »Ruhig stehen kann nur ein gut gebauter Hund«, betont Eva Holderegger Walser. Ein dazu nötiges Element ist das Sprunggelenk – oder »der Eckstein des Hinterbeins«, wie sie es ausdrückt. Ob ein Hund instabile Sprunggelenke hat, lässt sich durch leichten Druck schnell ermitteln. Ein stabiles Gelenk hält dem stand, ein instabiles kippt nach vorn oder zur Seite – keine gute Voraussetzung für Aufgaben, bei denen das Tier springen müsste. »Hat ein Hund kippbare, instabile Sprunggelenke, nimmt er Gewicht nach vorn – wenn es einseitig ist, meist diagonal.« Schwimmen wird ihm Schwierigkeiten bereiten. Ein Hund mit schwachen Hinterbeinen wird z.B. auch für viele Diensthund-Ausbildungen nicht infrage kommen.

Ob ein Hund sich gut, frei und ohne Schmerzen bewegen kann, hängt auch mit seinen Pfoten zusammen. »Wir wollen dicke Ballen sehen!« betont die Fachfrau. Zwischen den gut gepolsterten einzelnen Zehenballen und dem Sohlenballen soll sich praktisch kein Abstand befinden. »Flache Pfoten haben keine Elastizität«, erklärt sie. Bei solchen Tieren zerschleißen Strukturen im Bewegungsapparat schnell. Zu sogenannten Roll-Ballen kommt es, wenn die Polsterung zu gering und der Abstand zwischen den Ballen zu groß ist. Auch diese Schwachstelle lässt sich bereits bei Welpen erkennen. Gerade hinten sind

Roll-Ballen laut der Expertin sehr verbreitet. »Sie sind instabil und verändern die Belastungsachse, alle anderen Probleme werden verstärkt. Der Hund steht nicht mehr korrekt auf den Beinen.«

Schauen Sie sich die erwähnten Körperstellen mit Hinblick auf die beschriebenen Merkmale doch mal an Ihrem eigenen Hund oder den Tieren von Freunden an! Und behalten Sie die Aspekte im Kopf, wenn Sie einen Hund aussuchen; insbesondere, wenn Sie mit ihm gern einer besonderen Aufgabe nachgehen möchten.

Foto: privat

Dr. Alexandra Keller ist Fachtierärztin für Chiropraktik (AUT) und führt die Praxis »Tierärztliches Orthopädie Team Frankfurt«.

www.tierorthopaedie-frankfurt.de

Foto: privat

Doris Walder (links) und **Eva Holderegger Walser** sind Expertinnen für die Analyse des Körperbaus von Hunden und den Welpentest, der auf dem Puppy-Puzzle von Pat Hastings basiert. Beide haben langjährige Erfahrung in der Hundezucht (Berger des Pyrénes, Australian Cattle Dog) und im Hundesport.

Facebook-Gruppe:
Welpenanalyse – Hundeanalyse

Buchtipp:
Doris Walder und Eva Holderegger Walser
Welpentest und Hundeanalyse
ISBN 978-3-275-02206-9

SPANNENDE FACTS

Bewegungsapparat/Körperbau

Muskeln und Gelenke

Die Muskelmasse macht bei einem normal trainierten Hund rund 50 Prozent des Körpergewichts aus. Im Hundekörper »verbaut« sind rund 200 Gelenke. Zählt man nur die Großen, z.B. Schulter und Ellenbogen, sind es insgesamt 12.

Testosteron und der Bewegungsapparat

Kastraten haben häufiger Probleme mit dem Bewegungsapparat. Das liegt daran, dass sich die Kastration auf das Testosteron im Körper auswirkt. Dieses Hormon wirkt muskelaufbauend, verstärkt die Robustheit von Knochen und Knorpeln und strafft das Bindegewebe. Die Testosteron-Produktion lässt auch bei weniger Bewegung nach.

Wie weit werfen Sie?

Häufiges starkes Beschleunigen und Abbremsen tut dem Bewegungsapparat nicht gut. Dazu kommt es aber oft, wenn wir unseren Hunden Bälle oder Frisbees werfen: Nur wenige Menschen können die Gegenstände kontrolliert auf eine Distanz von 30 oder 40 Meter lang fliegen lassen. Das Wurfverhalten ist dabei in hohem Maße Veranlagung. Wer seinem Vierbeiner den heißgeliebten Ball nicht vorenthalten will, sollte sich am besten auf ein paar Mal im Monat beschränken. Ein leichtes Aufwärmprogramm davor, damit der Hund nicht von 0 auf 100 losspurtet, empfiehlt sich.

Schonen ist nicht das A und O

Bei manchen Problemen des Bewegungsapparats muss der Hund sich eine Weile schonen, um heilen zu können. Wichtig zu wissen ist aber auch: Für die Knorpelgesundheit und eine gute Muskulatur ist Bewegung extrem wichtig. Die Gelenkschmiere etwa versorgt den Gelenkknorpel nur unter Belastung. Der Knochen reagiert auf Bewegung mit Knochenbildung und genau diese Knochenbildnerzellen produzieren auch das wichtige Hormon Osteocalcin. Dieses stimuliert darüber hinaus die Produktion von Insulin und hilft dabei, das Fetthormon Adiponektin freizusetzen. Bewegt sich der Hund zu wenig, wird der Knochenaufbau weniger stimuliert, damit weniger Osteocalcin produziert und das Risiko für Übergewicht sowie eine Diabetes-Erkrankung steigt. Da sich ein zu dicker Hund noch weniger bewegt, entsteht schnell ein Teufelskreis.

Traben wir los!

Die energiesparendste Bewegungsart für die meisten Hunde ist ein gleichmäßiger, mittelschneller Trab.

Wie geschmiert

Die Gelenksflüssigkeit (Synovia) eines gesunden Hundes ist gelblich-klar und fädenziehend. Das Ultrafiltrat des Bluts enthält zu 94 Prozent Wasser. Zudem sind Nährstoffe wie Fetttröpfchen, Proteine und Glukose sowie Hyaluronsäure und Abwehrzellen darin zu finden.

Ein umgekehrtes Pendel

Sie können sich das Bein eines Hundes als ein umgekehrtes Pendel vorstellen, also wie ein Metronom fürs Klavier. Das Bein schwingt sozusagen von unten nach oben. Dieses Pendeln ist energietechnisch häufig ein Nullsummenspiel: Es wird genauso viel Kraft hineingesteckt, wie wieder herauskommt. Daher verbraucht ein Hund z.B. so gut wie keine Energie, wenn er an der Leine neben dem Fahrrad entlangtrabt.

Foto: Lena Schwarz

4

DAS NERVENSYSTEM

Sie haben gerade geblinzelt! Und eingeatmet! Und jetzt ärgern Sie sich vielleicht darüber, dass Sie über etwas nachdenken, wofür Sie sonst keinen einzigen bewussten Gedanken verschwenden müssen. Schließlich schließen und öffnen sich Ihre Augenlider von alleine, genauso wie Ihre Lungen sich mit Luft füllen und Ihr Herz schlägt. Gesteuert wird all das – und noch sehr viel mehr – vom Nervensystem. »Es ist schlichtweg der zentrale Player im Körper«, bringt es Prof. Dr. med. vet. Andrea Fischer auf den Punkt. Sie leitet die Neurologie-Abteilung an der Kleintierklinik der Ludwig-Maximilians-Universität München (LMU) in München. Auch unseren Hunden ermöglicht ihr Nervensystem überhaupt erst, mit der Rute zu wedeln, Neues zu lernen und beim Spaziergang fröhlich über die Wiese zu rennen.

Um Koordination und Bewegung, Sinnes- und Schmerzwahrnehmung sowie die Regulation von Empfindungen und Verhalten stemmen zu können, ist eine fein aufeinander abgestimmte Zusammenarbeit unterschiedlicher Bereiche und Beteiligter absolut unabdingbar. Das »große Ganze« – sprich der Hund oder auch Mensch – funktioniert nur, wenn von der Nervenzelle im Zeh bis zum zentralen Strippenzieher Gehirn jeder seine Rollen erfüllt und kooperiert. Um das Nervensystem besser zu verstehen, setzen wir uns zunächst mit

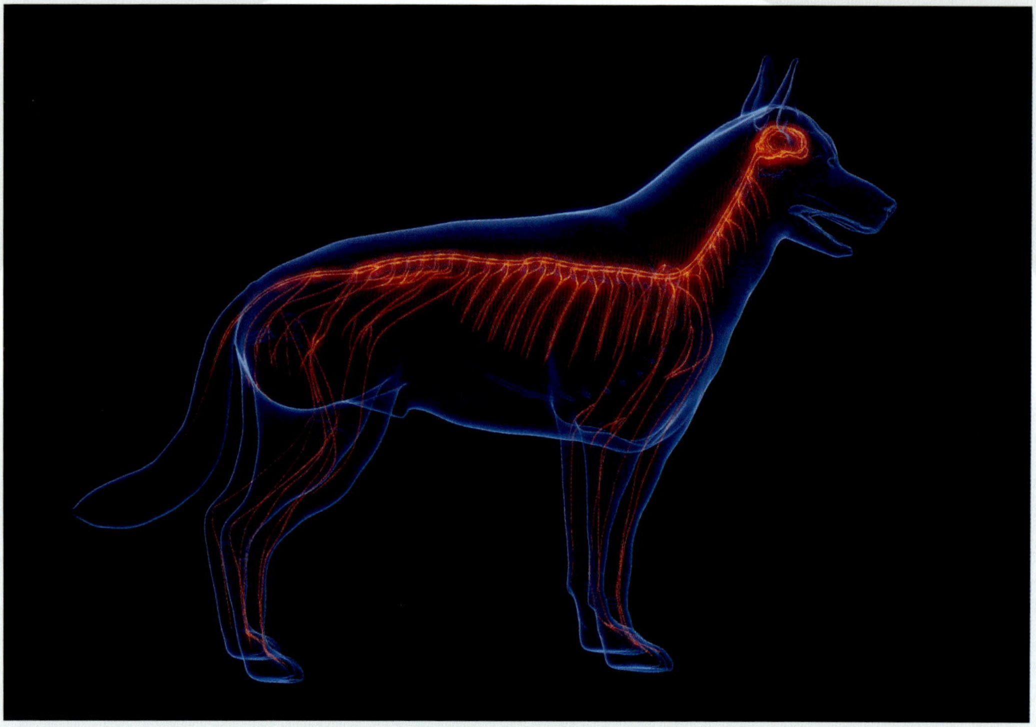

Grafik: SciePro/stock.adobe.com

einigen grundlegenden Begriffen auseinander – und 2 Arten der Einteilung. Diese wird nämlich zum einen basierend auf der Anatomie vorgenommen und zum anderen basierend auf den Funktionen.

Zentrum und Außenbezirke

Mit Blick auf die Anatomie sprechen wir vom Zentralnervensystem (ZNS) – bestehend aus Gehirn und Rückenmark – sowie vom peripheren Nervensystem (PN) – all den Nerven, die zum Rückenmark hin- und von ihm wegführen. Das Nervensystem braucht sowohl »Leitungen«, über die Signale zum Gehirn gelangen, als auch welche, die Signale vom Gehirn in die Peripherie schicken. Eine Nervenzelle (Neuron) besteht für gewöhnlich aus einem Zellkörper und 2 Fortsätzen für die Signalübertragung: einem kurzen und einem langen. Während der kurze Fortsatz Signale von anderen Fortsätzen aufnimmt, überträgt der lange sie an andere Nerven-, Muskel- oder Drüsenzellen. Die Stellen, an denen die Nervenzellen miteinander kommunizieren, heißen Synapsen. Davon kann der Körper je nach Hirnregion teilweise sogar lebenslang neue bilden und alte abbauen – das wird auch als »synaptische

Plastizität« bezeichnet. Diese Anpassungsfähigkeit des Nervensystems ist eine tolle Sache und überaus wichtig, wie wir noch sehen werden.

Sogenannte motorische Nervenzellen sitzen im ZNS, ihre Fortsätze hingegen im PN. Sie steuern die Bewegungen des Hundes und sorgen dafür, dass seine Muskulatur wie benötigt kontrahiert. Damit er sehen, hören und riechen kann, braucht der Vierbeiner wiederum die sensorischen Fasern, welche über die Gehirnnerven die mit der Sinneswahrnehmung verbundenen Reize ans Hirn weiterleiten. Spürt er, dass ihn etwas berührt, dass etwas warm oder kalt ist oder wehtut, sind die sogenannten sensiblen Fasern am Werk. »Dicht innerviert sind alle Bereiche, die feine Bewegungen durchführen können oder über die der Hund sehr differenzierte Sinneseindrücke wahrnimmt«, sagt Prof. Fischer. »Sensible Innervation ist natürlich auch überall dort relevant, wo Schmerz vermittelt wird.«

Funktionelle Einteilung

Teilen wir das Ganze auf funktioneller Basis ein, sprechen wir von einem somatischen und einem vegetativen Nervensystem (VN). Das somatische Nervensystem umfasst die bewusste Wahrnehmung von Reizen aus der Umwelt und dem Körperinnern sowie gewollte, selbst gesteuerte Handlungen. Im Gegenteil dazu steht das VN, mit dem wir es zu Beginn des Kapitels schon zu tun hatten: »Es reguliert die autonomen Funktionen, also etwa unbewusste Reaktionen des Herzens, des Blutdrucks, des Darms und der Blase«, erklärt die Expertin. Auch die Atmung, die verschiedenen Stoffwechsel (Kapitel 6), die Körpertemperatur und Sexualfunktionen fallen in diesen Kompetenzbereich.

Das VN ist eng mit dem Hypothalamus verschaltet. Dieser Teil des Gehirns steuert die vegetativen Funktionen und braucht dazu fortlaufend »Lageberichte«. Es lässt sich in 3 weitere Systeme einteilen: den Sympathikus, den Parasympathikus und das enterische Nervensystem (ENS). Beim ENS handelt es sich um ein Nervengeflecht in der Darmwand, das für lebenswichtige Magen-Darm-Funktionen essenziell ist. Der Sympathikus bringt den Körper »auf Touren« und macht ihn bereit, mit Gefahrensituationen umzugehen: In Reaktion auf Stress etwa kann er die Leistungsbereitschaft steigern, indem er dafür sorgt, dass die Atemfrequenz steigt und das Herz häufiger schlägt. Das wäre für eine Flucht oder einen Kampf nötig. Damit sich der Organismus danach wieder erholen und Reserven aufbauen kann, braucht er den Parasympathikus – den Ruhenerv. Die Organe des Körpers lassen sich mithilfe der beiden Gegenspieler sehr fein steuern.

Eine Frage der Geschwindigkeit

Wie langsam oder schnell Nervenfasern Reize durch den Körper leiten, unterscheidet sich deutlich: »Langsamer leiten z.B. die vegetativen Fasern, die das autonome Nervensystem innervieren«, zählt die Neurologin auf. »Interessanterweise am langsamsten leitend sind die Fasern, die dumpfen, chronischen Schmerz vermitteln.« In einem schnelleren Bereich hingegen lägen die Fasern, die beispielsweise Temperatur und stechende Schmerzen vermitteln, oder für die Wahrnehmung von Berührungen zuständig sind. Ganz schön flott sind auch die Nervenfasern in den Skelettmuskelfasern: Sie leiten mit einer Geschwindigkeit von über 60 Metern pro Sekunde. »Die Nervenleitgeschwindigkeiten hängen damit zusammen, wie stark myelinisiert die Nervenfasern sind«, erklärt Prof. Fischer. Dick bedeutet in diesem Fall schnell: »Je dicker die isolierende Nervenscheide ist, welche die Fasern umgibt, desto schneller.« Die dicke Schicht kann nämlich Lücken haben, an denen der Impuls sozusagen hüpfen kann – saltatorische Erregungsleitung nennt sich das. Ein Nerv muss übrigens nicht nur aus einer einzigen Art von Nervenfaser bestehen, wie die Neurologin anmerkt: »Ein Nerv in der Peripherie, etwa der Ischiasnerv, setzt sich aus einer Vielzahl unterschiedlicher Nervenfasern zusammen – dicken und dünnen, langsam und schnell leitenden, motorischen und sensiblen.«

Wenn die Nerven langsam werden

Die Innervation der Muskulatur und die Geschwindigkeit, mit der Nerven Impulse weiterleiten, kann krankheitsbedingt abnehmen. Das lässt sich mithilfe eines EMG-Geräts untersuchen, während der Hund ruhiggestellt ist: Die Elektromyografie zeigt, ob Muskeln noch ausreichend innerviert sind. Mit der Stimulation der Nerven und der Messung der Nervenleitgeschwindigkeit kann man untersuchen, ob Nerven noch ausreichend leiten. So lässt sich etwa feststellen, ob eine Muskelschwäche vorliegt oder ob der Hund an einer Polyneuropathie oder einer akuten Nervenwurzelentzündung leidet. »Diese sogenannte Polyradikulitis kommt recht häufig vor«, erläutert die Neurologin. »Sie führt innerhalb weniger Tage bis Wochen erst zu einer Schwäche der Hinterhand, bevor der Hund schwerste Lähmungen entwickelt.«

Der Zustand eines Teils der Hunde bessere sich mit viel Pflege innerhalb von circa 6 Wochen. Bei komplizierteren Fällen können Veterinärmediziner unterstützend eingreifen, wie Prof. Fischer berichtet: »Damit die Hunde etwas schneller wieder auf den Beinen sind,

Foto: Chalabala/stock.adobe.com

haben wir in einer Studie eine Infusion mit Immunglobulinen verabreicht. Das sind Antikörper, die der Organismus zur Abwehr von Infekten braucht. So ähnlich gehen auch Humanmediziner vor, die Menschen mit dem Guillain-Barré-Syndrom behandeln.« Betroffene leiden an Lähmungen der Beine, Arme und des Gesichts. Dahinter stecken Blockaden an der Myelinschicht der peripheren Nerven, aufgrund derer die Nervenfasern Reize nicht mehr weiterleiten können. Schuld daran ist eine überschießende Autoimmunreaktion, zu der es meist infolge von Infektionen kommt.

Die häufigsten Erkrankungen

Während entzündete Nervenwurzeln bei Hunden zwar ab und an vorkommen, stehen andere Erkrankungen ganz oben auf der Liste der häufigsten Probleme mit dem Nervensystem. »Wir sehen vor allem Hunde mit Epilepsie oder Bandscheibenvorfällen«, berichtet die Expertin. Immer wieder würden auch ältere Tiere mit Tumoren oder Hunde mit Meningitis vorgestellt. Schlaganfälle kämen ebenfalls vor, seien aber zum Glück sehr viel seltener als bei uns Menschen.

Foto: Lena Schwarz

Epilepsie ist eine chronische Erkrankung und betroffene Hunde brauchen häufig lebenslang Medikamente. Ihre verschiedenen Formen äußern sich unterschiedlich und sind auch unterschiedlich gut behandelbar. Ein Hund kann, muss aber nicht nur an den deutlich wahrnehmbaren Krampfanfällen leiden, die wir mit der Krankheit oft assoziieren. Abwesenheitsepisoden oder eventuell recht unauffällige Zuckungen sind ebenfalls mögliche Symptome. Professor Fischer und viele weitere Fachleute arbeiten daran, ein immer feineres Bild von den unterschiedlichen Erkrankungsformen zu bekommen. So haben sie etwa herausgefunden, dass Rhodesian Ridgebacks an einer spezifischen genetischen Form leiden können, der »Juvenilen Myoklonischen Epilepsie«. Aufbauend darauf wurde ein Gentest entwickelt, der zeigt, ob ein Hund die zugrundeliegende Mutation trägt. So lassen sich ungünstige Verpaarungen vermeiden.

Im Einzelfall sind für die Diagnose einer Epilepsie aufwändige Untersuchungen nötig, bis zur Kernspintomografie in Narkose. Das geht natürlich mit finanziellen Belastungen einher. Wohl denen, deren Versicherung dafür aufkommt. »Man sollte nicht nur eine Operationskostenversicherung abschließen«, sagt Prof. Fischer. Ihr Team behandelt viele Epilepsiepatienten, sieht aber auch immer wieder Hunde, die schwerste Krampfanfälle bekommen, weil sie Schneckenkorn oder Köder mit dem Nervengift Carbofuran gefressen haben. Das wurde lange als Insektizid in der Landwirtschaft eingesetzt und ist eigentlich seit Jahren EU-weit verboten. »In der Umweltkriminalität spielt es aber leider noch eine große Rolle und wird genutzt, um Wildtiere wie Greifvögel zu vergiften«, erzählt Prof. Fischer. Um vergifteten Hunden zu helfen, kann eine Hämodialyse nötig werden. Dabei wird das Blut außerhalb des Körpers maschinell vom Giftstoff gereinigt und dem Hund wieder zugeführt.

Krampfanfall: richtig reagieren

Hat ein Hund gerade einen Krampfanfall, schützen Sie bitte nicht nur ihn, sondern auch sich selbst: »Fassen Sie ihm keinesfalls ins Maul«, betont die Expertin. Der Hund hat keine Kontrolle über seinen Körper und könnte zubeißen. Natürlich sollte er nicht an einem Treppenabsatz liegen, den er hinunterstürzen könnte, oder in der Nähe spitzer und scharfer Gegenstände. »Ein unkomplizierter Anfall hört nach 1 bis 2 Minuten auf«, sagt die Tierärztin. Wer einen Hund hat, der zu längeren Anfällen neigt oder mehrere pro Tag bekommt, trägt im Bestfall stets Notfallmedikamente bei sich. Die Anfälle lassen sich damit unterbrechen. Manchmal sind Epilepsien laut der Neurologin zusätzlich zur regulären tierärztlichen Behandlung über eine Fütterungsumstellung positiv beeinflussbar: »Mit mittelkettigen Fettsäuren angereichertes Futter kann sich günstig auf die Neurotransmittersituation im Gehirn auswirken«, weiß sie. Diese Fettsäuren können zudem im Alter die kognitiven Funktionen positiv beeinflussen. Auch nicht-epileptische Bewegungsstörungen, die Dyskinesien, können durch eine Futterumstellung beeinflusst werden.

Gutes für das Nervensystem

Auch wenn Ihr Hund gesund ist, können Sie seinem Nervensystem etwas Gutes tun – indem Sie Reizarmut vermeiden. »Bekommt der Hund keine Bewegung und findet keine Interaktion statt, wirkt sich das negativ auf die Entwicklung und auch den Erhalt von Funktionen aus – in jedem Alter«, betont Prof. Fischer. »In Bewegung zu bleiben, Spiel und eine abwechslungsreiche Umgebung sind extrem wichtig.« Fitness und Lebensfreude unserer Vierbeiner sind also auch in Sachen Nervensystem eng mit Ansprache, Abwechslung und Auslastung verknüpft. Mit der Bewegung kann es natürlich schwierig werden, wenn sie dem Hund wehtut – etwa bei Arthrose oder nach einem Bandscheibenvorfall. Aber auch dann ist sie absolut nötig – in Maßen und sehr kontrolliert.

Zu mehr Mobilität und weniger Schmerz verhelfen können viele Maßnahmen – immer individuell an den Hund angepasst. Dazu zählen nicht nur Arzneimittel, sondern auch Physiotherapie oder Akupunktur. »Durch Bewegungsübungen und Rehabilitation lässt sich nach Bandscheibenvorfällen z. B. viel heilen«, betont Prof. Fischer. Sie bewundert, wie lernfähig und anpassbar das Nervensystem sein kann: »Es ist unheimlich plastisch und kann Verluste kompensieren. Angrenzende Bereiche übernehmen dann Funktionen und springen ausgleichend ein. Je mehr stimuliert wird, desto mehr sprießen angrenzende Nervenfasern aus und übernehmen Funktionen des ausgefallenen Teils.«

Darüber hinaus merkt die Expertin an, dass unsere Hunde – ebenso wie wir – Schmerz stärker wahrnehmen, wenn sie diesen erwarten und befürchten. »Wir sollten also selbst entspannt und in einer guten Stimmung sein, wenn etwa ein Besuch in der Tierarztpraxis oder -klinik ansteht. Denn so beeinflussen wir die Erwartungshaltung des Hundes positiv, was sich wiederum auf dessen Schmerzwahrnehmung auswirkt.« Der Zusammenhang zwischen Schmerzempfindung und Stimmung spielt laut der Neurologin eine zunehmend wichtige Rolle: »Zum Teil werden Antidepressiva zur Schmerztherapie eingesetzt. Durch die psychische Stimmungslage und Erwartungshaltung im Gehirn erfolgt bereits eine Modulation der Schmerzwahrnehmung.«

Das Kleinhirn: ein großer Faktor

Wo wir schon bei Gehirn und Mobilität sind: Damit Ihr Hund sich fortbewegen kann, müssen sein Klein- und Großhirn zusammenarbeiten. Sie erfassen den Input und modulieren den Output. »Speziell das Kleinhirn ist an der Feinregulation der Bewegung und der Koordination beteiligt«, sagt Prof. Fischer. Flüssig und glatt geht's also nur mithilfe des Kleinhirns von A nach B. »Dem Kleinhirn werden zunehmend auch mehr Funktionen bei Lernprozessen zugeschrieben«, ergänzt die Expertin. Zuvor sei das Lernen auf den Hippocampus reduziert worden.

Umbaumaßnahmen, Lernen und Verhalten

Die Entwicklung des Kleinhirns – und damit des Gangs –, aber auch anderer Bereiche des Gehirns, dauert nach der Geburt noch an. Das ist auch der Grund dafür, dass Welpen sich anfangs tollpatschig und unkoordiniert bewegen. Das Gehirn eines ausgewachsenen

Hundes unterscheidet sich insgesamt deutlich von dem eines neugeborenen Welpen und auch von dem eines Junghundes. In der Phase des Erwachsenwerdens steckt es tief in Umbaumaßnahmen. Bei den »Pubertieren« hapert es manchmal mit der Impulskontrolle und sie können an einem Tag eigentlich Gelerntes abrufen, am nächsten nicht.

In der Adoleszenz kommt es zu verschiedenen Reifungsprozessen, wie die Neurologin erklärt: »Die Anzahl der Synapsen und Nervenzellen wird reduziert und es bilden sich adulte Netzwerke aus. In dieser Feinabstimmung baut das Gehirn Verbindungen ab, die nicht gebraucht werden und es findet ein molekularer Umbau statt.« Die Myelinisierung der Nervenfasern schreitet voran, die Steuerzentrale des Nervensystems gewinnt an Leistungsfähigkeit – anstatt auf einer Landstraße ist der Hund danach quasi auf einer breit ausgebauten Autobahn unterwegs. Möglichst gut auf das Leben mit all seinen Herausforderungen vorbereiten kann sich das Gehirn nur, wenn der Hund vielfältige Erfahrungen gesammelt hat. Ihm diese zu ermöglichen, obliegt uns – eine Aufgabe, die mindestens so spannend ist wie das Nervensystem selbst, finden Sie nicht auch?

Foto: privat

Prof. Dr. med. vet. Andrea Fischer, Diplomate ACVIM/ECVN, EBVS® European Specialist in Veterinary Neurology, leitet die Neurologie-Abteilung an der Kleintierklinik der LMU München.

www.vetmed.uni-muenchen.de

SPANNENDE FACTS Nervensystem

Die grauen Zellen

Mit Blick auf das Gehirn und Nervensystem wird auch von grauer und weißer Substanz gesprochen. Die Einteilung hat tatsächlich mit den Farben zu tun, in denen die entsprechenden Teile erscheinen: Die Myelinscheide, die Nervenfasern spiralförmig ummantelt, sieht weiß aus. Die Bereiche des Zentralnervensystems, die vor allem aus solchen Nervenfasern bestehen, heißen daher »weiße Substanz«. Graue Substanz im Gehirn und Rückenmark enthält vor allem Nervenzellen, nur wenige Axone und sieht grau aus.

Glutamat ist wichtig

Den Begriff Glutamat bringen die meisten von uns mit dem Thema Geschmacksverstärker in Verbindung. Bei Lebensmittelzusatzstoffen wie »Mononatriumglutamat« (E 621) oder »Monoammoniumglutamat« (E 624) handelt es sich um Salze der Glutaminsäure – einer Aminosäure, die in den meisten Proteinen vorkommt. Glutamat ist aber auch der am häufigsten genutzte erregende Neurotransmitter im Gehirn. Der Körper produziert diesen selbst. Nehmen Sie Glutamat über die Nahrung zu sich, bringt das Ihre Neurochemie aber nicht durcheinander. Nach der Auffassung der meisten Fachleute lässt die Blut-Hirn-Schranke als Barriere zwischen der Blutbahn und dem Zentralnervensystem es nicht passieren.

Chemische und elektrische Synapsen

Eine Synapse ist eine Kontaktstelle zwischen Nervenzellen. Meist sind mit dem Wort chemische Synapsen gemeint: An der Nervenzelle, die das Signal gibt, kommt es zu einer elektrischen Entladung. Aufgrund dieser werden chemische Botenstoffe ausgeschüttet. Diese Neurotransmitter regen dann die empfangende Nervenzelle an. Ein elektrisches Signal wurde also in ein chemisches umgewandelt. Es gibt aber auch Synapsen, die Erregung direkt elektrisch weiterleiten.

Achtung, Umleitung

Die meisten Nervenzellen können sich beim Hund in der Regel nicht regenerieren. Eine der Ausnahmen: Riechzellen. Diese erneuern sich ständig. Sterben andere Nervenzellen ab, können aber oft andere Bereiche zumindest teilweise ihre Aufgaben übernehmen – es entsteht eine Art Umleitung, so ähnlich wie im Straßenverkehr.

Ein Auf und Ab

Als Erwachsener verfügen Sie über weniger Synapsen als ein dreijähriges Kind. Das liegt daran, dass wir im Laufe der Gehirnentwicklung in einer Art »Optimierungsprozess« all die Nervenverbindungen verlieren, die nicht häufig gebraucht werden. Ähnliches geschieht beim Hund auch.

Ihr Kopf und die Galaxie

Ein typisches, gesundes menschliches Gehirn verfügt über circa 200 Milliarden Nervenzellen. Diese sind wiederum über Hunderte Billionen Synapsen miteinander verbunden. Zum Vergleich: Unsere Galaxie hat laut der europäischen Weltraumorganisation Esa ungefähr 100 Milliarden Sterne.

Blick ins Hundehirn

Eine Studie von Forschern der Universität Wien sowie der Veterinärmedizinischen Universität Wien zeigt, dass Informationen aus Körperhaltungen für Hunde eine ähnlich wichtige Rolle spielen wie für Menschen. Die Ergebnisse, vorgestellt Ende Juni 2023 in der Fachzeitschrift *Communications Biology*, bieten Einblicke in die Art, wie Hunde und Menschen einander und ihre Umwelt wahrnehmen. Sie bestätigen zudem, dass der Schläfenlappen eine zentrale Rolle für soziale Kommunikation und Wahrnehmung spielt. Die Gruppe ist eine von derzeit 4 weltweit, die Magnetresonanztomographie (MRT)-Studien mit Haushunden durchführt. Sie werden schrittweise an die MRT-Umgebung gewöhnt, nicht sediert und können das MRT jederzeit verlassen. An der Studie waren 40 Versuchspersonen und 15 Hunde beteiligt. Gezeigt werden konnte, dass Hunde ähnlich wie Menschen eine Gehirnregion im Schläfenlappen besitzen, die auf die visuelle Wahrnehmung von Körperhaltungen spezialisiert ist. Daneben gibt es weitere Hirnregionen, die gleichermaßen an der Wahrnehmung von Gesichtern und Körpern beteiligt sind. Anders als bei den Menschen, zeigten sich bei den Hunden auch Aktivitätsunterschiede in Bereichen, die für die Verarbeitung von Gerüchen zuständig sind, als sie Gesichter und Körper betrachteten. »Wir Menschen fokussieren uns oft auf das Gesicht in der Kommunikation mit anderen. Unsere Ergebnisse deuten darauf hin, dass Gesichter ebenfalls eine wichtige Informationsquelle für Hunde darstellen. Jedoch scheinen Körperhaltungen und eine ganzheitliche Wahrnehmung eine übergeordnete Rolle zu spielen«, erläutert Dr. Magdalena Boch vom Institut für Kognition, Emotion, und Methoden der Psychologie in einer Pressemeldung der Universität Wien.

Foto: Lena Schwarz

5

DAS HERZ-KREISLAUF-SYSTEM UND BLUT

Mehr als 52,5 Millionen Mal schlägt das Herz eines kleinen Hundes jährlich. Ob es dabei tatsächlich »pumperlg‘sund« ist, sehen wir von außen meist nicht. Dabei kann die richtige Vorsorge Hunden sogar Jahre Lebenszeit schenken! Grund genug, Spannendes über das Organ zu erfahren, ohne das gar nichts ginge, oder?

Beginnen wir mit den Basics: Ein gesundes Herz verteilt ununterbrochen sauerstoffreiches Blut im ganzen Körper. Sauerstoffarmes Blut pumpt es in die Lunge zurück. Dazu müssen sich seine Hälften rhythmisch zusammenziehen und entspannen. Nur so gelangen die Nährstoffe im Blut auch dorthin, wo der Körper sie braucht. Ungewünschte Substanzen werden an die Stellen gebracht, die sie aus dem Blut filtern.

Kleiner und großer Kreislauf

Jede Herzhälfte besteht aus einer Kammer, deren Vorhof und 2 Klappen. Letztere sitzen jeweils zwischen Kammer und Vorhof sowie zwischen den Kammern und den Blutgefäßen, die zum Herz hin (Hohlvenen) bzw. von ihm weg (Hauptschlagader, Aorta) führen. Als Ventile lassen die Klappen das Blut durch oder stoppen es. Die linke Herzhälfte schickt das Blut durch die Aorta in den großen Kreislauf (Körperkreislauf). Über Arterien, die sich immer feiner verzweigen, wird der gesamte Körper versorgt. Natürlich braucht das Herz selbst auch Sauerstoff. Damit versorgen es die Herzkranzgefäße, die von der Aorta abzweigen. Für den kleinen Kreislauf (Lungenkreislauf), durch den das Blut in die Lunge gelangt, um wieder »aufgetankt« zu werden, ist die rechte Herzhälfte zuständig.

Der fürs Pumpen nötige Druck entsteht, wenn das Herz sich zusammenzieht. Sobald es erschlafft, können sich die Kammern wieder mit Blut füllen. Dafür, dass das Herz schlägt, ist der Sinusknoten verantwortlich. Er steuert den Herzschlag und fungiert als natürlicher Schrittmacher. Das Geflecht aus Zellen im Vorhof der rechten Herzhälfte gibt dafür elektrische Impulse ab. Sensoren im Körper messen ständig den Blutdruck ebenso wie das Blutvolumen.

Herzton und Herzgeräusch

»Der reguläre Herzton eines gesunden Hundes klingt wie ein ‚Lub-Dubb, Lub-Dubb, Lub-Dubb'«, erklärt Prof. Dr. Gerhard Wess. Er leitet seit 2003 die Abteilung für Kardiologie an der Kleintierklinik der LMU in München. »Der Herzton entsteht, wenn sich die Klappen schließen. Ein Herzgeräusch dagegen weist darauf hin, dass etwas nicht stimmt. Es hört sich an wie ein Zischen oder Sausen – ‚Lubsssch-Dupp', Lubsssch-Dupp' – zu dem es kommt, weil die Klappe sich nicht richtig schließt oder öffnet.« Die Stelle am Brustkorb, an der das Herzgeräusch beim Abhören am lautesten zu vernehmen ist, liefert bereits Hinweise darauf, welches Problem vorliegen könnte.

Im Laufe einiger Herzerkrankungen vergrößert sich das Herz – aber es ist gar nicht so einfach zu erkennen, wann der Muskel tatsächlich größer ist als normal. Schließlich gibt es unterschiedlich große Hunde. »Die optimale Methode ist es, rassespezifische Referenzwerte zu sammeln«, erklärt der Kardiologe. »Davon gibt es einige, aber nicht für alle Rassen. Und wir werden sie auch nie für alle Hunde erstellen können, da es sehr viele

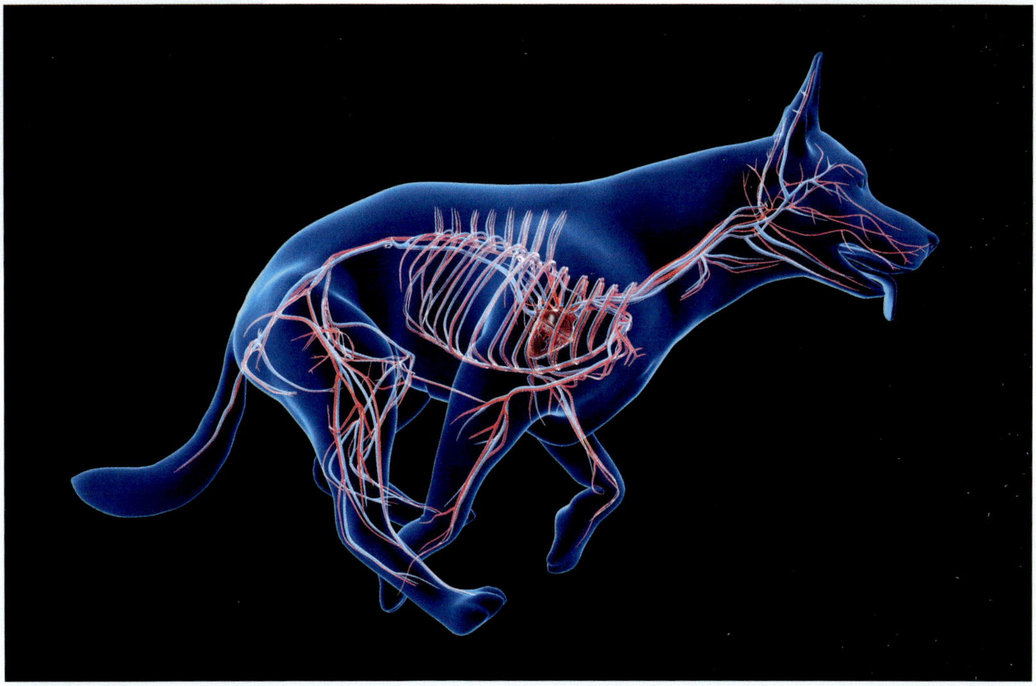

Grafik: SciePro/stock.adobe.com

Mischlinge gibt.« Mithilfe von Ultraschallparametern und speziellen Formeln lässt sich aber berechnen, ob das Herz zu groß ist oder noch im Referenzbereich liegt. Einige Vierbeiner – etwa Windhunde wie Whippets, Salukis oder Greyhounds – haben größere Herzen als Artgenossen, die ähnlich groß und schwer sind. »Für sie haben wir daher rassespezifische Werte etabliert. Denn wer nicht weiß, dass ihre Herzen etwas größer sind, könnte annehmen, dass eine Erkrankung der Grund dafür ist«, sagt Prof. Wess.

Kompensationskünstler

Kleine Hunde unter 15 Kilogramm entwickeln am häufigsten Klappenprobleme (Mitralklappenendokardiose), bei größeren ist die Dilatative Kardiomyopathie (DCM) die häufigste Herzerkrankung. In vielen Fällen ist dem Vierbeiner recht lange nicht anzusehen, dass er herzkrank ist. Wie gut der Körper Probleme kompensiert, fasziniert den Experten: »Das Herz kann z.B. 50 bis 70 Prozent an Blut, das sich entgegen der eigentlichen Flussrichtung bewegt, ausgleichen. In Problemsituationen helfen spezielle Systeme, etwa das Renin-Angiotensin-Aldosteron-System, kurz RAAS.« Dieser Mechanismus, an dem mehrere Hormone und Enzyme in Niere, Leber und Lunge beteiligt sind, kann den Blutdruck

Foto: Rita Kochmarjova/stock.adobe.com

regulieren. Das passiert, indem er Gefäßgrößen anpasst und so zu niedrige Werte wieder erhöht. Darüber hinaus steuert das RAAS auch den Wasser- und Elektrolythaushalt. »So kann der Körper das beeinträchtigte Herz bei einer Klappenerkrankung oft über viele Jahre stabil halten.«

Früh erkennen, länger leben

Wie der Kardiologe betont, lässt sich Lebenszeit gewinnen, wenn Krankheiten früh entdeckt werden, etwa wenn die Mitralklappe nicht mehr richtig funktioniert: »Vom Beginn der Erkrankung, ab dem das erste Herzgeräusch zu hören ist, weil die Klappe undicht ist, vergehen meist Jahre, bis der Hund Symptome zeigt oder sogar schließlich stirbt. Eine große Studie, an der wir mitgearbeitet haben, hat gezeigt, dass wir diese asymptomatische Phase allein durch die Gabe eines Medikaments um 15 Monate verlängern können. Das sind 10 bis 20 Prozent Lebenszeit, die wir dem Tier geben. Daher ist es wichtig, dass Besitzer kleiner Hunde diese regelmäßig jedes Jahr in der Tierarztpraxis gut abhören lassen. Tritt ein Herzgeräusch auf, wird es durch Röntgen oder Ultraschall abgeklärt. Solange das Herz nicht vergrößert ist, wird keine Therapie gebraucht.«

Auch mit einer DCM kann ein Vierbeiner über Jahre leben, je nachdem, welche Form auftritt und wie früh sie bemerkt und behandelt wurde. Es kommt aber vor, dass die Erkrankung des Herzmuskels unbemerkt bleibt. Bei der Dobermann-Kardiomyopathie etwa gibt es die »okkulte« Phase, die zwischen 2 und 3 Jahren dauert. Der Hund wirkt gesund, hat aber Herzrhythmusstörungen. Kommt es zu Kammerflimmern – einer Form der Rhythmusstörung –, könnte nur ein Defibrillator helfen. Meist ist der aber nicht in der Nähe. »Damit dieses okkulte Stadium erkannt wird, ist es so wichtig, mit seinem Dobermann zur Vorsorge zu gehen, denn mit antiarrhythmischen Medikamenten kann das Risiko, am Sekundentod zu versterben, reduziert werden«, betont der Fachmann.

Vorsorge ernst nehmen

Pauschal gültige Aussagen darüber, was wir für die Herzgesundheit unserer Vierbeiner tun können, lassen sich nicht treffen. Die Risiken zu erkranken, sind je nach Rasse und Größe unterschiedlich. Daher rät Dr. Wess, sich früh schlauzumachen, welche Probleme beim eigenen Hund auftreten könnten. »Beim Dackel wäre das z.B. klar die Mitralklappenendokardiose und beim Dobermann die Dobermann-Kardiomyopathie. Wenn ich das weiß, kann ich gezielt einmal im Jahr zur Vorsorgeuntersuchung gehen.« Das gilt auch für Mischlinge, die ja eventuell sogar Gene von Ahnen mehrerer anfällige Rassen in sich vereinen.

Ihr Haustierarzt hört das Herz ab und kann auch für andere Organe relevante Werte überprüfen. Spätestens mit diesem Check-up beginnen sollten Halter kleinerer Hunde, wenn diese 5, 6 Jahre alt werden. Größere Hunde wie Dobermänner sollten bereits im Alter von 3 bis 4 Jahren zur Vorsorge. Hier sind allerdings speziellere Tests zu empfehlen, wie ein 24-Stunden-EKG und ein Herzultraschall – und diese Untersuchungen sollten alle 1 bis 2 Jahre wiederholt werden. Bei Welpen ist es wichtig, sie gut abhören zu lassen, wenn die erste Impfung ansteht. »Vor etwa 15 Jahren wurden uns noch oft ältere Hunde mit angeborenen Herzerkrankungen vorgestellt«, erinnert sich der Experte. »Dann war es häufig bereits zu spät und der Hund im Herzversagen.« Er rät: »Ist schon bei einem sehr jungen Tier ein Herzgeräusch zu hören, wird sich das nicht ‚verwachsen'. Das sollte unbedingt abgeklärt werden.« Und wenn sich tatsächlich etwas findet, lässt sich in vielen Fällen früh und gut helfen.

Minimal invasive Eingriffe

Bei vielen Herzprobleme können Fachleute über kathetherbasierte Operationen eingreifen. Besonders viel Erfahrung mit solchen Verfahren haben in Deutschland Veterinärmediziner in den Kardiologie-Abteilungen der LMU sowie der Universität Gießen. Schon lange werden etwa Herzschrittmacher bei Tieren eingesetzt: »Dazu schieben wir vorsichtig die Elektrode des Herzschrittmachers durch die Vene am Hals ins Herz. Nach einem Funktionstest wird sie an den Schrittmacher angeschlossen. Das kleine Gerät implantieren wir dann hinter das Schulterblatt in der Haut«, erklärt Prof. Wess. Auch mit winzigen Ballons arbeiten Kardiologen: »Wir öffnen verklebte Klappen, indem wir sie mithilfe eines kleinen Ballons ‚aufsprengen'«, berichtet der Experte. »Seit einiger Zeit führen wir auch Subaortenstenose-Ballonierungen mit speziellen Schneideballons durch.« Die Subaortenstenose zählt bei Hunden zu den häufigsten angeborenen Herzerkrankungen und betrifft vor allem große Rassen, darunter etwa Boxer, Rottweiler und Deutsche Schäferhunde. »Die Stelle, an der eigentlich das Blut aus dem Herz durch die Aortenklappe in die Aorta fließen soll, ist dabei meist ringförmig verengt«, erklärt der Tierarzt. »Würde der Engpass nur mit einem »regulären« Ballon ausgeweitet, wäre das Ergebnis von kurzer Dauer. Daher gibt es Ballons mit Schneideflächen. Wenn wir sie aufblasen, schneiden sie den Ring ein und wir können mit einem weiteren Ballon die Stelle ausweiten.«

Je kleiner der Hund ist, desto anspruchsvoller gestalten sich Eingriffe. So kommt es vor, dass der Kardiologe etwa bei einem jungen Yorkie eine Verbindung zwischen Haupt- und Lungenschlagader verschließen muss, weil der Körper das nach der Geburt nicht selbst getan hat (PDA). Dazu muss er einen Katheter durch Gefäße führen, die gerade mal einen Durchmesser von 2 Millimetern haben.

Kranker Hund = Schonen?

Wie viel sich ein herzkranker Hund bewegen darf, was seine Menschen mit ihm unternehmen können und ob nicht besser Schonung angesagt wäre, werden die Kardiologen der Kleintierklinik immer wieder gefragt. »Ich bin kein Verfechter des goldenen Käfigs«, sagt Dr. Wess. »Ich möchte, dass der Hund eine gute Lebensqualität hat. Wenn er gerne spazieren geht, schmust und frisst, gehört das dazu. Je nachdem, um welche Krankheit es sich handelt, sollte der Hund natürlich nicht ÜBERfordert werden und eine angepasste Diät bekommen.«

Foto: Phase4Photography/stock.adobe.com

Die Antwort fällt also für jeden Hund unterschiedlich aus. Abhängig ist sie zum einen davon, welche Erkrankung er hat und wie weit fort geschritten diese ist. Zum anderen spielen das individuelle Gemüt und Vorlieben eine Rolle. »Manche Hunde hören ja beispielsweise nicht von alleine auf, wenn man ihnen immer wieder ein Spielzeug wirft«, gibt der Experte zu bedenken. »Dann sind die Halter gefragt, auf Pausen zu bestehen und ihre Vierbeiner gut im Auge zu behalten.« Selbst Wanderungen können mit manchen herzkranken Hunden möglich sein: »Hat der Hund z.B. eine Klappenerkrankung, ist es meist kein Problem, ihn mit in die Berge zu nehmen.« Habe der Hund allerdings eine DCM und sein Herz pumpe daher schlecht, solle er nicht auf einen hohen Berg laufen müssen. »Normalerweise reguliert sich der Hund selbst: Er macht so viel, wie er kann. Ist dieser Punkt erreicht, sollte er auch nicht mehr machen müssen. Kann er dann aber beispielsweise plötzlich am Gipfel nicht mehr, stellt sich natürlich die Frage, wie er wieder ins Tal kommt.« Es heißt also schlichtweg: den gesunden Menschenverstand walten lassen und auf den Hund achten, weniger auf die eigenen Wunschvorstellungen. Das gilt auch und insbesondere an heißen Tagen: Dann sollte Bewegung mit Herzpatienten – ebenso wie mit gesunden Hunden – auf die kühleren Morgen- und Abendstunden gelegt werden.

Foto: Lena Schwarz

Das Herz und die Fütterung

Gleich vorab: Eine spezielle Ernährung mit Hinblick auf die Herzgesundheit ist laut des Experten nicht nötig. Im Zusammenhang mit der Ernährung herzkranker Hunde empfiehlt es sich aber, salzarm zu füttern – auch bei Leckerli und Trinkwasser darauf achten! – und die Art und Weise der Fütterung anzupassen. Indem sie mehrere kleine Portionen über den Tag verteilt bekommen, lässt sich der Herz-Kreislauf-Apparat schonen. Herz und Lungen werden dann nicht durch einen zu vollen Magen eingeengt.

Herzerkrankungen im Überblick

Bei der DCM handelt es sich um eine Erkrankung des Herzmuskels. Dieser ist nicht stark genug, um ausreichend Blut durch den Körper zu pumpen. Immer mehr Blut gelangt in die Herzkammer, was deren Wände dehnt und immer dünner werden lässt. Es gibt verschiedene Formen, betroffen sind fast ausschließlich große Hunde. Leidet ein Hund an einer Herzinsuffizienz, kann sein Herz den Körper nicht mehr ausreichend mit Blut und Sauerstoff versorgen. Dahinter stecken meistens Probleme mit den Herzklappen oder mit dem Herzmuskel. Auch Parasiten können das Herz beeinträchtigen, wie Fadenwürmer. Diese leben insbesondere in den an die Lunge angrenzenden großen Blutgefäßen. Selbst sterbend und tot sorgen sie für Ärger: Der Körper baut sie ab, Fragmente blockieren jedoch den Blutfluss. Oft zeigt der Hund keine Symptome. Falls doch, handelt es

DCM
Dilatative Kardiomyopathie, Erkrankung des Herzmuskels

Herzinsuffizienz
Ursache sind meist Probleme mit den Herzklappen oder dem Herzmuskel

Dirofilariose
Herzwurmerkrankung, Hund ist von Fadenwürmern befallen

Mitralendokardiose
auch Mitralklappen-Endokardiose, häufigste Herzerkrankung bei Hunden, Hauptursache für Herzinsuffizienz, meist schließt die linke Herzklappe nicht mehr richtig

PDA
persisitierender Ductus arteriosus botalli, gehört zu den häufigsten angeborenen Herzerkrankungen, beim Welpen im Mutterleib fließt das Blut nicht über die rechte Herzkammer in die Lunge, verschließt sich nach der Geburt normalerweise, aber nicht immer

sich meist um Husten. Die häufigste Herzerkrankung bei Hunden und Hauptursache für Herzinsuffizienzen ist die Mitralklappen-Endokardiose (Mitralendokardiose) Meistens schließt die linke Herzklappe nicht mehr richtig. Blut strömt in den linken Vorhof zurück, nicht genug gelangt in die Aorta. Der Körper erhöht das Blutvolumen, die resultierende Überlastung führt dazu, dass der Vorhof und schließlich auch die Kammer ausgeweitet und vergrößert werden. In der Folge versagt das linke Herz. Diese Erkrankung tritt insbesondere bei kleineren Hunden ab einem Alter von 7 oder 8 Jahren auf. Zu den häufigsten angeborenen Herzerkrankungen zählt der PDA (persistiereneder Ductus arteriosus botalli). Er sorgt beim noch nicht atmenden Welpen im Mutterleib dafür, dass das Blut nicht über die rechte Herzkammer in die Lunge fließt. Nach der Geburt verschließt er sich normalerweise. Geschieht das nicht, gelangt über ihn sauerstoffreiches Blut erneut in die Lunge. Sauerstoffreiches und -armes Blut mischen sich in der Lungenschlagader. Die Lunge wird zu stark durchblutet, was auf Dauer zur Überlastung des Herzens führt.

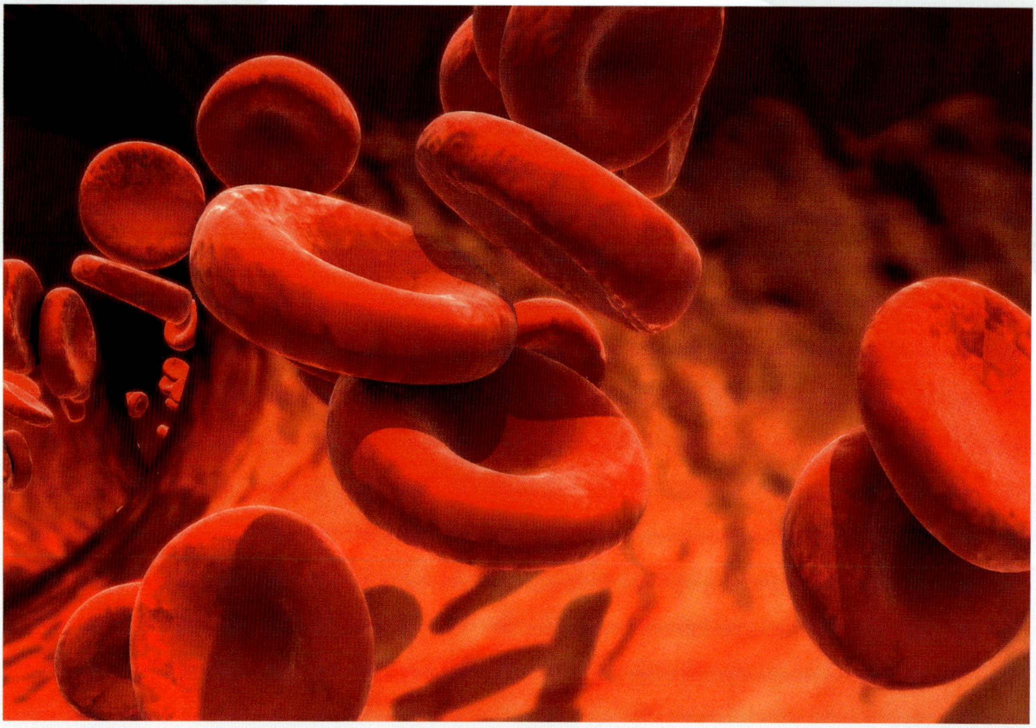

Foto: Design Cells/stock.adobe.com

Das Blut

Wenden wir uns nun dem Treibstoff zu, den das Herz-Kreislauf-System im Bestfall so unermüdlich und effizient durch den Körper befördert. Blut ist neben Wasser die wichtigste Flüssigkeit in unser aller Leben, egal was Ihre Kaffeemaschine Ihnen morgens vielleicht verführerisch zuflüstert. Synthetisch herstellen können wir es immer noch nicht (zumindest zum Zeitpunkt der Entstehung dieses Buches), aber wir wissen heutzutage sehr viel mehr über unseren Treibstoff als noch vor ein paar Generationen.

»Das Blut übernimmt zum einen den Transport von Sauerstoff zu den Organen und Geweben. Verantwortlich dafür sind die roten Blutkörperchen, die Erythrozyten. Die weißen Blutkörperchen – Leukozyten – sind wiederum die Wächter im Blut und Teil des Immunsystems. Die Blutplättchen, auch Thrombozyten genannt, sind mit für die Gerinnung verantwortlich und das, was wir an Wunden als Schorf sehen«, erklärt Prof. Dr. med. vet. Andrea Meyer-Lindenberg. Sie ist Fachtierärztin für Kleintiere und Fachtierärztin für Chirurgie und war Vorstand der chirurgischen und gynäkologischen Kleintierklinik sowie Inhaberin des Lehrstuhls für Chirurgie der Kleintiere an der LMU.

Alle erwähnten Bestandteile schwimmen im Plasma. »Das ist eine wasserähnliche sterile Flüssigkeit, in der sich außerdem Proteine und Mineralsalze befinden.« Den größten Anteil an den Bluteiweißstoffen macht das Albumin aus. Albumin kommt auch in menschlichem Blut vor und ist ziemlich wichtig: Es kann zum einen Wasser binden und dafür sorgen, dass sich inner- und außerhalb der Blutgefäße konstant genug Flüssigkeit befindet. Zum anderen lassen sich damit bestimmte Stoffe wie etwa manche Hormone durch den Körper transportieren. Sie binden sich vorübergehend an das Albumin. Ohne das Transportprotein würden sie verkleben, da sie nicht wasserlöslich sind.

Der Körper ist nicht nur beim Transport von Sauerstoff und Kohlenstoffdioxid auf das Blut angewiesen. Die Professorin ergänzt: »Mit dem Blut werden auch Nährstoffe transportiert, die aus dem Darm und auch aus der Leber aufgenommen werden. Natürlich ist das Blut zudem dafür verantwortlich, Giftstoffe dorthin zu transportieren, wo der Körper sie abbauen kann, etwa in die Leber und die Niere« (Kapitel 7 und 8).

Die rote Farbe

Blut ist rot – zumindest bei uns und unseren Hunden. Verantwortlich dafür ist Eisen, ein Teil des Hämoglobinmoleküls. Jedes rote Blutkörperchen enthält ungefähr 250 Millionen dieser Moleküle. Die gleiche Aufgabe wie das Hämoglobin – den Sauerstofftransport – übernimmt bei manchen anderen Tieren übrigens Hämocyanin. Aus diesem Grund sieht das Blut einiger Oktopus-Arten blau aus. Die roten Blutkörperchen haben keinen Zellkern. Das ermöglicht ihnen, auch an Stellen zu gelangen, wo sie mit Kern gar nicht hineinpassen würden. Allerdings fehlt ihnen auch die Anleitung, die es ihnen ermöglichen würde, sich zu reparieren: Rote Blutkörperchen leben durchschnittlich nur etwas mehr als 4 Monate. Die Lebensspanne der weißen Blutkörperchen kann noch kürzer sein: Einige dieser Kämpfer gegen Viren, Bakterien und außer Kontrolle geratene Wachstumszellen leben sogar nur wenige Tage.

Gebildet werden sämtliche Blutzellen im Knochenmark, also dem Gewebe, das die Hohlräume im Knocheninnern ausfüllt. Sie entstehen aus den gleichen Vorläuferzellen. Sobald sie funktionstüchtig sind, dürfen sie in die Blutbahn. Bei den Blutplättchen handelt es sich um Fragmente großer Zellen. Verletzt sich Ihr Hund, sorgen chemische Signale dafür, dass die Blutplättchen aktiviert werden und zusammenkleben. Die so entstandenen Klumpen verhindern, dass Blut ungehindert an der Wunde austritt.

Das Blut untersuchen

Maschinell lässt sich messen, wie viele weiße und rote Blutkörperchen sowie Blutplättchen in einer Blutprobe vorhanden sind. »Ein wichtiger Wert, der sich daraus ergibt, ist z.B. der Anteil der roten Blutkörperchen an der Gesamtblutmenge«, erklärt Prof. Meyer-Lindenberg. »Dieser wird auch als Hämatokritwert bezeichnet und muss in einem bestimmten Referenzrahmen liegen. Je nachdem, welche Maschine verwendet wird, ist er etwas unterschiedlich. Generell lässt sich aber sagen, dass der Referenzwert rasseübergreifend bei jungen Hunden etwas niedriger ist als bei erwachsenen Tieren.« Ein zu niedriger Wert könnte beispielsweise auf eine Anämie hinweisen. Wird ein »Differenzialblutbild« gemacht, lässt das auch Aussagen über die Art und Form der weißen Blutkörperchen zu. »Es gibt unter anderem stabkernige und segmentkernige Granulozyten«, sagt die Tierärztin. »Liegt beispielsweise ein großer Anteil stabkerniger Blutkörperchen vor, weiß man, dass irgendwo im Körper ein Entzündungsprozess abläuft.«

Auch Gerinnungsfaktoren können untersucht werden. Bei einem gesunden Hund funktioniert das körpereigene Gerinnungssystem gut. So wie wir Menschen können aber auch Hunde Gerinnungsstörungen haben. »Dazu gehört z.B. ein Mangel des sogenannten Faktors VIII«, berichtet die Professorin. »Der betroffene Hund blutet dann bei einer Verletzung weiter. Ist dies etwa vor einer Operation nicht bekannt, kann das zu erheblichen Problemen führen.« Eine unter Hunden häufige Störung der Blutgerinnung ist die Von-Willebrand-Erkrankung. Der von Willebrand-Faktor arbeitet eigentlich mit dem Faktor VIII zusammen, damit sich Blutplättchen an die verletzte Wand eines Blutgefäßes anheften. Das klappt bei den betroffenen Tieren nicht.

Die Blutgruppen unserer Hunde

Bei Hunden gibt es mehr als 12 Blutgruppen. Klinisch relevant – insbesondere bei Blutspenden – ist aber nur ein Teil davon. »Wichtig sind für uns die DEA-Antigene 1.1 positiv und 1.1 negativ. Das Akronym DEA steht für Dog Erythrocyte Antigene«, erläutert Prof. Meyer-Lindenberg. Die Bezeichnungen sagen aus, welche Antigene auf der Oberfläche der roten Blutkörperchen sitzen. Ein einfacher Test gibt Aufschluss über die Blutgruppe. Diese Information ist sehr wichtig, damit der Hund bei Bedarf möglichst Blut der passenden Gruppe bekommt und sich keine Komplikationen entwickeln. Einmal könnte ein

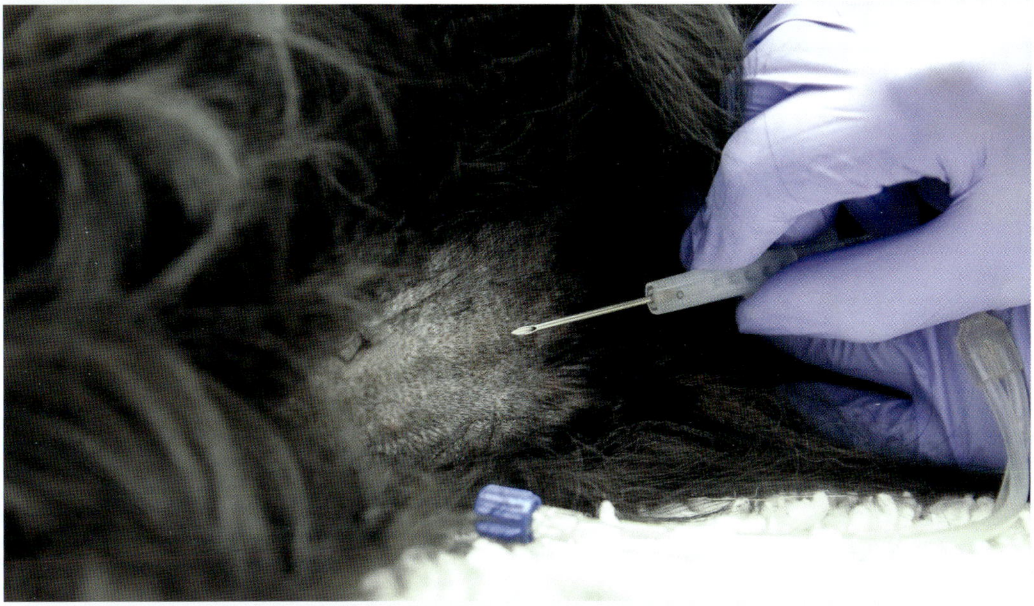

Foto: Lena Schwarz

Empfänger theoretisch auch Blut ohne vorherige Tests erhalten. Im Idealfall wird das Spenderblut aber sorgfältig gewählt. Übrigens: Hat ein Hund einmal eine Blutspende erhalten, kommt er leider nicht mehr als Spender infrage.

Tierische Blutspenden

Grob lässt sich abhängig von der Größe des Hundes sagen, dass seine Blutmenge 8 bis 9 Prozent des Körpergewichts ausmacht. Bei einem Hund, der 20 Kilogramm wiegt, wären das etwa 1,7 Liter Blut. Auch die Menge, die er spenden darf, hängt von seinem Gewicht ab. »Nehmen wir wieder unseren 20-Kilo-Hund«, sagt die Tierärztin. »Ihm könnten wir ungefähr 200 Milliliter Blut abnehmen. Ein größeres Tier könnte noch etwas mehr spenden.« Der Körper sei in der Lage, das Blutvolumen nach einer Spende relativ schnell wieder selbst ausgleichen. Über einen Venenzugang bekomme der Spender aber zur Unterstützung Infusionen. Zudem werde er nach der Spende auch noch eine Weile beobachtet.

Je nachdem, was für ein Eingriff ansteht, gehen damit kleinere oder größere Blutverluste einher. Bei geplanten Operationen können, sofern wie etwa an Kleintierklinik der LMU in München eine Spenderkartei existiert, vorab passende Spenderhunde ermittelt und deren

Foto: irantzuarb/stock.adobe.com

Besitzer kontaktiert werden. Der Hund oder die Hunde sind dann während des Eingriffs vor Ort. Bei der Behandlung eines Notfallpatienten kann sich eine Blutspende viel schwieriger gestalten – zumal dann Zeit eine sehr große Rolle spielt. »Blutet ein Hund nach einem Unfall stark, arbeiten wir natürlich daran, die Blutung zu stillen. Uns stehen auch Plasmaexpander zur Verfügung. Aber hat er so viel Blut verloren, dass sich die Menge auf diese Weise nicht ersetzen lässt, hilft nur noch eine Blutspende. Diese so schnell wie möglich zu organisieren, kann uns dann vor große Schwierigkeiten stellen«, berichtet Prof. Meyer-Lindenberg.

Blutreinigung nach Vergiftung

Das Blut rückt auch in den Fokus, wenn der Körper eines Hundes einen Giftstoff nicht (mehr) von alleine loswird. Das kann passieren, wenn er etwas Giftiges aufgenommen hat oder wenn der Organismus nicht mehr mit anfallenden Stoffwechselprodukten klarkommt. Je nachdem, wie groß der Übeltäter ist und welche Eigenschaften er hat, kommen verschiedene Verfahren der Blutreinigung infrage. Eine davon ist die Hämodialyse. Über sie lassen sich Giftstoffe, wie sie Hunde etwa mit Schneckenkorn oder Weintrauben aufnehmen, aus dem Blut herausfiltern. Eine intensive Sitzung kann dabei möglicherweise schon ausreichen, sofern das Gift damit entfernt wurde, bevor die Nieren versagen.

Eine weitere Methode, die beispielsweise bei Vergiftungen aufgrund von überdosierten oder für Hunde ungeeigneten Medikamenten helfen kann, heißt Plasmapherese. Dabei leiten die Ärzte das Blut des Hundes aus seinem Körper. Das Plasma wird dann von den anderen Blutbestandteilen getrennt und durch neues Plasma ersetzt. Auch bei der Immunadsorption teilt eine Maschine das Blutplasma zunächst von den restlichen Bestandteilen. Danach läuft es jedoch in einen zweiten Apparat, in dem Antikörper entfernt werden. Dann bekommt der Hund sein eigenes, gereinigtes Plasma wieder zugeführt. Diese Methode kann z.B. in Betracht gezogen werden, wenn Hunde an schweren Verläufen von Autoimmunerkrankungen leiden und keine konventionellen Therapien mehr anschlagen. Indem das Plasma von den Antikörpern »befreit wird«, mit dem das Immunsystem den eigenen Körper angreift, lassen sich Symptome lindern. Die sogenannte Hämoperfusion wird z.B. bei Hunden mit einer schweren Blutvergiftung eingesetzt. Ein bestimmter Adsorber entfernt bei diesem Verfahren, das aus der Humanmedizin stammt, Entzündungsbotenstoffe aus dem Blutkreislauf. Sie sehen, wir wissen schon viel, lernen aber ständig dazu und entwickeln uns weiter!

Foto: privat

Prof. Dr. med. vet. Gerhard Wess, Diplomate ACVIM (Kardiologie), ECVIM-CA (Innere Medizin) und ECVIM-CA (Kardiologie), leitet die Kardiologie der Kleintierklinik der LMU.

www.tierkardiologie.lmu.de

Foto: Franziska Krug

Prof. Dr. med. vet. Andrea Meyer-Lindenberg, ehemals Vorstand der chirurgischen und gynäkologischen Kleintierklinik sowie Inhaberin des Lehrstuhls für Chirurgie der Kleintiere an der LMU in München, ist Fachtierärztin für Kleintiere und Fachtierärztin für Chirurgie.

SPANNENDE FACTS

Herz-Kreislauf-System/Blut

Geschichtsausflug

Heutzutage sind Blutspenden eine relativ unkomplizierte Angelegenheit. Das beruht aber auf einer langen Geschichte. Zunächst musste der Blutkreislauf entdeckt werden, was 1628 geschah. Bis der Wiener Arzt Karl Landsteiner die Blutgruppen beschrieb, vergingen mehr als 200 weitere Jahre. Er entdeckte 1940 zudem den Rhesus-Faktor. Die erste erfolgreiche Transfusion von Mensch zu Mensch fand in der ersten Hälfte des 19. Jahrhunderts statt. Die erste – zumindest dokumentierte – Bluttransfusion von Hund zu Hund fand übrigens Mitte der 1660er-Jahre statt und war alles andere als tierfreundlich. Der erste Blutspendedienst für Menschen entstand 1921 in London.

Wie viel Blut fließt in mir?

Die ungefähre Gesamtblutmenge in einem erwachsenen Menschen beläuft sich auf etwa 4,5 bis 6 Liter. Das entspricht bis zu acht Prozent des Gesamtkörpergewichts. Täglich pumpt das Herz bis zu 10.000 Liter Blut durch den Körper. Der Körper bildet jeden Monat mehr als einen Liter neues Blut.

Blutgruppen

Sehr häufig wird das AB0-System genutzt, um bei uns Menschen verschiedene Blutgruppen voneinander zu unterscheiden. Auch das Rhesus-System ist relevant. . Aber wussten Sie, dass es insgesamt mehr als 30 Systeme zur Bestimmung von Blutgruppen gibt? Die in Deutschland häufigsten Blutgruppen sind A und 0. Darüber hinaus sind die meisten Menschen hierzulande Rhesus positiv.

Hinweise auf Herzerkrankungen

Zu den häufigsten Veränderungen, die auf eine mögliche Erkrankung des Herzens hinweisen, zählen Leistungsschwäche, Husten, schnellere Atmung, Atemnot, eine blaue Zunge oder blaue Schleimhäute, plötzliche Ohnmachtsanfälle und dass der Hund nicht mehr frisst. Diese Symptome können allerdings auch mit anderen gesundheitlichen Beschwerden zusammenhängen. Um eine Herzerkrankung zu diagnostizieren, ist daher eine fundierte Untersuchung nötig, zu der meistens ein Herzultraschall gehört.

Ruheatemfrequenz: So zählen Sie selbst!

Insbesondere, wenn Sie einen herzkranken Hund haben, sollten Sie dessen Ruheatemfrequenz kennen und täglich überprüfen. Ihr Hund ist gesund? Dann können Sie sich mit seiner normalen Atemfrequenz vertraut machen. Bei kranken Hunden helfen die Werte den Tierärzten, die niedrigste nötige Dosierung von Medikamenten zu ermitteln. Das Zählen kann zudem einen Hinweis liefern, ob sich in der Lunge aufgrund eines Herzversagens Wasser sammelt (Lungenödem). »Führen Sie ein Atemtagebuch oder nutzen Sie eine spezielle App«, rät der Kardiologe Prof. Dr. Gerhard Wess. Einen kostenfreien »Atemfrequenz-Messer« finden Sie in den gängigen App-Stores.

Die Ruheatemfrequenz sollte unter 30 Atemzügen pro Minute liegen – übrigens auch bei Katzen. Im Schnitt liegt sie meist bei 20 Zügen in der Minute. Zählen Sie einmal am Tag, während Ihr Hund schläft oder ruht, ohne ihn dabei anzufassen. Ist der Wert mal höher, kann das z.B. im Sommer mit der schwül-heißen Umgebung zu tun haben. »Zählen Sie besser abends, wenn es kühler ist«, rät der Experte. »Liegt die Zahl konstant höher als bei 30 Atemzügen pro Minute, sollten Sie Ihr Tier in der Praxis vorstellen.«

Hund und Katze

In einem absoluten Notfall kann einer Katze auch Hundeblut transfundiert werden. Das geht aber nur ein einziges Mal, danach bildet sie Antikörper.

Foto: Lena Schwarz

6

DER STOFFWECHSEL

Jeder Hund und jeder Mensch benötigt Energie, um sich täglich aufs Neue ins Leben stürzen zu können. Damit dem Körper genug Treibstoff zur Verfügung steht, sind wir alle auf gut funktionierende Stoffwechselprozesse angewiesen: Was wir über die Nahrung aufnehmen, muss für den Körper verwertbar werden. Daran sind sehr viele unterschiedliche Vorgänge beteiligt. Jeder noch so kleine Aspekt muss funktionieren, damit der Motor rund läuft.

»Grob gesagt, beinhaltet der Stoffwechsel die Aufnahme, die Bearbeitung und den Transport von Nährstoffen«, erklärt Dr. Astrid Wehner. Sie ist Oberärztin an der Kleintierklinik der Münchner LMU. »Ziel dieser Prozesse ist es, Energie zu generieren und lebenswichtige Grundbausteine für den Körper zu schaffen. Damit das klappt, sind Enzyme und Hormone nötig«, fährt sie fort. Die Endokrinologie, also die Lehre der Hormone, gehört zu den Spezialgebieten der Tierärztin. Mit ihrem Team bietet sie auch eine Spezialsprechstunde für Tiere mit hormonellen Stoffwechselerkrankungen wie Diabetes mellitus, Cushing-Syndrom, Hypoadrenokortizismus sowie Über- und Unterfunktionen der Schilddrüse an.

Energie speichern und bereitstellen

Genau genommen laufen im Körper von Hunden, so wie bei uns Menschen, mehrere Stoffwechselprozesse ab. Jede Form von Nährstoff, die über den Darm (Kapitel 8) aufgenommen wird, durchläuft einen eigenen Kreislauf. Dreh- und Angelpunkt des Ganzen ist die Leber (Kapitel 7). »Es gibt aufbauende und abbauende Reaktionen«, erläutert die Expertin. Erstere machen Stoffe im Körper speicherbar und sorgen dafür, dass diese für den Gebrauch stets bereitstehen. »Die abbauenden Reaktionen wiederum zerlegen die gespeicherten Nährstoffe in deren Einzelbausteine. So können sie direkt verbraucht werden, wenn der Körper Energie benötigt.« Neben der Leber und dem Darm sind auch die Nieren wichtige Stoffwechselorgane: Sie filtern Abfallprodukte aus dem Blut, die der Hund dann mit dem Urin ausscheidet.

Die Stoffwechselvorgänge

Den Großteil ihrer Energie bekommen Hunde über den Kohlenhydratstoffwechsel, also den Auf-, Um- und Abbau von Kohlenhydraten. Dabei werden zunächst komplexe Kohlenhydrate in Einfachzucker (Glukose) und anschließend in Energie umgewandelt. Steht dem Hund ausreichend Energie zur Verfügung, speichert sein Körper den Überschuss in Form von Mehrfachzucker (Glykogen) in der Leber sowie der Muskulatur. »Sind diese Speicher auch gefüllt, wird Fettgewebe aufgebaut«, sagt Dr. Wehner. Das ist nach Expertenschätzungen bei rund der Hälfte aller Hunde in Deutschland in zu großem Ausmaß der Fall: Sie sind zu dick. Damit der Vierbeiner abnehmen kann, müssen also Futter und/oder Portionsgrößen angepasst werden. Mehr Bewegung wirkt sich auch positiv aus. Sie allein führt allerdings nicht zum Ziel, denn der größte Energiefresser im Hundekörper ist ein anderer: Bis zu 90 Prozent der Energie nimmt der Wärmehaushalt in Anspruch.

Auch Proteine und Fette liefern Hunden Energie. Die viel wichtigere Aufgabe des Proteinstoffwechsels ist es aber, Aminosäuren herzustellen. An dieser Stelle wird besonders deutlich, wie im großen Ganzen des Stoffwechsels alles zusammenhängt: Der Proteinstoffwechsel sorgt dafür, dass Aminosäuren zur Verfügung stehen. Diese sind die Grundbausteine für Muskelzellen, Hormone und Enzyme. Enzyme wiederum leiten Stoffwechselreaktionen ein – und ihre Produktion und Funktion wird von Hormonen gesteuert. Der Fettstoffwechsel hat seinen eigenen Schwerpunkt, wie die Tierärztin erklärt: »Er sorgt dafür, dass Fette gespeichert werden, um in ‚schlechten Zeiten' Energie bereitstellen zu können.« Der Fettstoffwechsel sei darüber hinaus wichtig für den Bau einiger Botenstoffe, die aus Fetten bzw. Cholesterin bestehen.

Äußere und innere Einflüsse

Ein gut funktionierender Stoffwechsel ist unabdingbar, damit der Hund gesund und körperlich fit sein kann. Einige Faktoren beeinflussen das lebenswichtige System, wie Dr. Wehner aufzählt: »Der Stoffwechsel passt sich an äußerliche Einflüsse wie Tageszeit, Außentemperaturen, körperliche Aktivität, Stress und Futteraufnahme an.« So kommt der Hund mit neuen Gegebenheiten klar. Innerlich beeinflussen die bereits erwähnten Hormone den Stoffwechsel, indem sie dessen Aktivität regulieren. Zu ihnen gehören z.B. Insulin, Cortisol, Testosteron oder Thyroxin. Produziert werden die biochemischen Botenstoffe an unterschiedlichen Stellen im Körper, etwa der Bauchspeicheldrüse, den Nebennieren, Hoden, Eierstöcken, der Schilddrüse und auch in Teilen des Gehirns, nämlich dem Hypothalamus und der Hirnanhangdrüse. Welche Hormone in welchen Mengen ins Blut gelangen, steuert vor allem das Gehirn. Jeder der Botenstoffe hat zwar seine eigenen Kernaufgaben, aber oft nehmen sie gemeinsam Einfluss auf den Stoffwechsel.

Hormone im Einsatz

»Schilddrüsenhormone steigern den Grundumsatz des Hundes, da vermehrt Zucker und Fette verbraucht werden«, sagt die ExpertIn. »Gleichzeitig fördern sie die Darmmotorik, steigern die Herzfrequenz und beeinflussen die Erregbarkeit der Nervenzellen.« Zu ihren Aufgaben gehöre es zudem, bei neugeborenen und wachsenden Tieren das Wachstum zu verstärken. Das Hormon Insulin wird in der Bauchspeicheldrüse gebildet. Nur mit seiner Hilfe kann der Einfachzucker zur Energiegewinnung über das Blut in die Zellen gelangen: »Insulin öffnet wie ein Schlüssel dem Zucker die Tür in die Zelle, vor allem in den Muskeln, der Leber, den Nieren und im Fettgewebe«, beschreibt Dr. Wehner. Darüber hinaus beeinflusse das Hormon das Appetitempfinden im Gehirn und hemme den Abbau von Fettgewebe. »Das Hormon Cortisol aus der Nebennierenrinde spielt besonders in stressigen Situationen eine wichtige Rolle«, fährt die Expertin fort. »Dazu zählen etwa ein Mangel an Nahrung, körperliche Anstrengung, Krankheit oder psychischer Stress.« Aus diesem Grund ist Cortisol auch als »Stresshormon« bekannt. Seine Hauptaufgabe ist es,

Energie aus den Speichern des Körpers bereitzustellen. Es sorgt dafür, dass die Zuckerproduktion in der Leber beschleunigt wird und verringert zugleich den Energieumsatz des Körpers.

Probleme im Stoffwechsel

Wenn es im Stoffwechsel zu Störungen kommt und der Körper von einem Hormon oder mehreren der Botenstoffe zu viel, zu wenig oder gar nichts mehr produziert, wird der Hund krank. Das System kann aufgrund von Medikamenten (darunter auch Antibiotika oder Kortisonpräparaten) aus dem Gleichgewicht geraten. Auch Erkrankungen der wichtigen Stoffwechselorgane Darm, Leber und Nieren wirken sich negativ aus. »Tumore, Entzündungen oder autoimmune Reaktionen führen zu Veränderungen in den Organen, die für Hormonproduktion und Stoffwechsel verantwortlich sind«, merkt Dr. Wehner an. Eine falsche Zusammensetzung des Futters, die etwa in einem Jodmangel resultiert, sei ebenso ein potenzieller Störfaktor.

Diabetes mellitus tritt bei Hunden recht häufig auf. Unter Katzen ist diese Störung des Zuckerstoffwechsels noch verbreiteter. Allerdings sind bei den Samtpfoten eher männliche Tiere betroffen. Hunde erkranken meist an Typ 1, einem absoluten Insulinmangel. Zu diesem kommt es, nachdem körpereigene Abwehrzellen die Bereiche der Bauchspeicheldrüse zerstört haben, die eigentlich Insulin produzieren. »Bei Typ 2, der Insulinresistenz, sprechen die Körperzellen nicht auf das Hormon an«, erklärt Dr. Wehner. Die Erkrankung könne sich z. B. darin äußern, dass der Hund mehr trinkt als früher, viel Urin absetzt und gesteigerten Appetit zeigt, aber Gewicht verliert. Ist kein Insulin vorhanden, das die Zellen »aufschließt«, oder kann es diese Aufgabe nicht erfüllen, steigt der Zuckerspiegel im Blut. Helfen wir dem Körper nicht, indem wir regelmäßig und meist lebenslang Insulin spritzen, werden unter anderem Augen, Nieren, Herz und Blutgefäße in Mitleidenschaft gezogen. Sind Hunde erst einmal individuell passend eingestellt, können sie aber auch mit Diabetes meist ein schönes, langes Leben haben. Wichtig sind natürlich regelmäßige Check-ups.

Die Stoffwechselerkrankung Morbus Cushing oder Cushing-Syndrom ist unter Hunden sehr verbreitet. Im Körper steht dann zu viel Cortisol zur Verfügung. Dahinter stecken meist Tumoren oder Knoten, welche die reguläre Ausschüttung des Hormons stören. »Während diabetische Hunde sehr schnell Gewicht verlieren, nehmen Hunde mit Cushing-Syndrom eher zu und bekommen Hautprobleme«, beschreibt die Tierärztin 2 häufige Symptome. Damit es dem Hund bessergeht, muss die Cortisol-Produktion medikamentös oder chirurgisch (abhängig von der Ursache) auf das passende Level gebracht werden. Dass alles passt, wird ebenso wie bei anderen sich auf den Stoffwechsel auswirkenden Erkrankungen durch regelmäßige Kontrollen überprüft.

Ernährung bei Stoffwechselproblemen

Je nachdem, welche hormonelle Stoffwechselerkrankung vorliegt, kann eine spezielle, darauf angepasste Fütterung Teil der Behandlung sein. »Bei Diabetes mellitus z.B. sollte die Nahrung eher komplexe Zucker enthalten und fettarm sein«, erklärt Dr. Wehner. Außerdem muss sie an die Insulininjektionen angepasst sein. Von Spontan-Leckerlis müssen sich Diabetiker-Hunde leider verabschieden. Die Welt der unterschiedlichen Futterarten steht auch Haltern von Hunden mit Stoffwechselproblemen meist offen: »Auch Barfen und Selberkochen ist bei vielen Stoffwechselproblemen möglich«, sagt die Expertin. Sie betont aber: »Eine solche Diät sollte durch eine Ernährungsberatung aufgestellt werden und die Art der hormonellen Stoffwechselerkrankung, das Alter, Gewicht und Begleiterkrankungen berücksichtigen.« Passen Ernährung und Behandlung individuell zum Hund, spricht nichts dagegen, dass sein Motor auch weiterhin läuft und läuft und läuft.

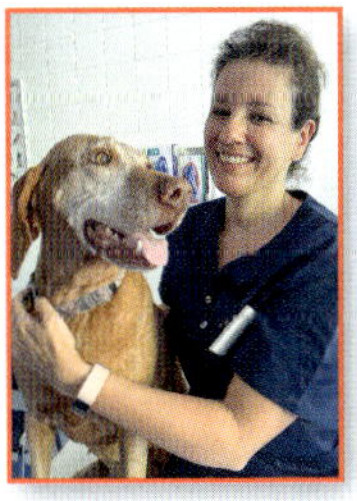

Foto: privat

Privatdozentin Dr. med. vet. Astrid Wehner, Diplomate ECVIM-CA (Internal Medicine), Fachtierärztin für Innere Medizin der Kleintiere, ist Oberärztin an der Kleintierklinik der LMU mit dem Schwerpunkt Endokrinologie.

www.med.vetmed.uni-muenchen.de

SPANNENDE FACTS

Stoffwechsel

Symptome von Stoffwechselerkrankungen

Zu den Anzeichen einer Diabetes mellitus Erkrankung können vermehrtes Trinken, gesteigerter Appetit sowie Gewichtsverlust zählen. Zu den Symptomen eines Morbus Addison gehören fehlende Leistungsfähigkeit, Schwäche, reduzierter Appetit und häufig auch Erbrechen, Durchfall und Austrocknung. Eine Unterfunktion der Schilddrüse kann sich z.B. in Trägheit, Gewichtszunahme, Hautproblemen und Haarausfall äußern. Verhaltensveränderungen können auftreten, wobei ängstliches und aggressives Verhalten meist nicht als Folge einer Schilddrüsenerkrankung auftritt.

Grundbaustein Eiweiß

Zu den Stoffen, die der Körper unbedingt braucht, zählt z.B. Eiweiß oder Protein – bzw. Aminosäuren: die kleinsten Bauteilchen, aus denen Eiweiße bestehen. Sie sind je nach Protein in einer bestimmten Menge und Reihenfolge miteinander verbunden, was dessen Form und Funktion bestimmt. Der Organismus nutzt Aminosäuren um sich zu erhalten, neues Gewebe aufbauen sowie weitere wichtige Vorgänge im Organismus anzustoßen und am Laufen zu halten. So sind sie etwa für die Bildung von Antikörpern, Hormonen und Enzymen unabdingbar. Ohne Eiweiß gäbe es weder gesunde Muskeln und Knochen, noch Organe, Haut, Haare oder ein gut funktionierendes Immunsystem. Der Körper ist außerdem dazu in der Lage, aus Proteinen Energie zu gewinnen, was im Vergleich zu anderen Vorgängen aber mit großen Aufwand verbunden ist. Die sogenannten nichtessenziellen Aminosäuren kann der Körper selbst herstellen. Die als essenziell bezeichneten Aminosäuren (bei unseren Hunden umfasst die Liste 8) müssen über die Nahrung zugeführt werden.

Energielieferant Fett

Der Körper nutzt Fett für die Energiegewinnung und benötigt die enthaltenen Fettsäuren (in die es durch die Verdauung aufgespalten wird) auch, um Botenstoffe zu bilden und Membranen aufzubauen. Ähnlich wie bei den Proteinen gibt es Fettsäuren, die übers Futter aufgenommen werden müssen (essenziell) und solche, die der Körper selbst synthetisiert. Gebraucht wird Fett auch, damit der Körper fettlösliche Vitamine (A, D, E und K) verwerten kann. Wird die Verstoffwechslung von Fett gestört und bekommt in der Folge davon der Körper zu wenig essenzielle Fettsäuren, kann sich das negativ auf den Hautstoffwechsel auswirken und zu Juckreiz und schlechterem Fell führen. Auch das Immunsystem wird eventuell in Mitleidenschaft gezogen.

Stiefkind Kohlenhydrate

Kohlenhydrate genießen in manchen Hundehalter-Kreisen keinen besonders guten Ruf. Dabei können die meisten Hunde mit diesen Energielieferanten gut umgehen. Sie kommen z.B. als Stärke in Getreide, Kartoffeln oder auch Hülsenfrüchten vor, denn Pflanzen speichern in dieser Form Energie. Um Stärke zu verdauen, muss der Körper sie in ihre Grundbausteine (viele einfache Zuckermoleküle) spalten. Dazu benötigt er das Enzym Amylase, das vor allem in der Bauchspeicheldrüse und auch in den Speicheldrüsen produziert wird. Je nach Rasse (oder Mix) können Hunde unterschiedlich viele Kopien der Gene haben, die für die Herstellung von Amylase relevant sind. Glukose, auch als Traubenzucker bekannt, gehört zu den Einfachzuckern, ist für den Energiehaushalt sehr wichtig und ein zentraler »Player« in sehr vielen Stoffwechselvorgängen.

Foto: Marina Plevako/stock.adobe.com

7

DIE LEBER UND NIEREN

Bessere Mitarbeiter kann sich keine Chefin wünschen: Die Leber und ihre beiden Kolleginnen sind extrem tüchtig, vielseitig, arbeiten rund um die Uhr und ackern selbst in schweren Zeiten ohne zu murren und so lange es nur geht. Wie wichtig die Multitasking-Genies sind und wo ein Teil ihrer Stärken liegt, lässt ein Blick darauf erahnen, womit der Körper sie versorgt: »Die Nieren machen nur ungefähr 0,5 Prozent des Körpergewichts aus«, weiß Dr. Roswitha Dorsch, Spezialistin für Innere Medizin an der Kleintierklinik der LMU München. Bei einem 20-kg-Hund wären das gerade einmal 100 Gramm. »Aber dennoch bekommen sie ein Viertel des Blutes ab, das pro Herzschlag durch den Kreislauf gepumpt wird, also einen sehr großen Anteil.«

Ein gesundes Herz (Kapitel 5), welches die benötigte Menge Blut heranschaffen kann, ist also die Grundvoraussetzung dafür, dass die Nieren ihre Jobs erledigen können. Auch die Leber ist von der Herzleistung, ebenso wie von einer guten Sauerstoffsättigung im Blut, abhängig: »80 Prozent des Bluts, das in die Leber fließt, ist nämlich venös, sprich sauerstoffarm, weil es von den anderen Organen kommt. Nur 20 Prozent des Bluts, das sie bekommt, enthält viel Sauerstoff«, erklärt Dr. Stefan Unterer, ebenfalls Spezialist für Innere Medizin und Direktor der Klinik für Kleintiermedizin der Universität

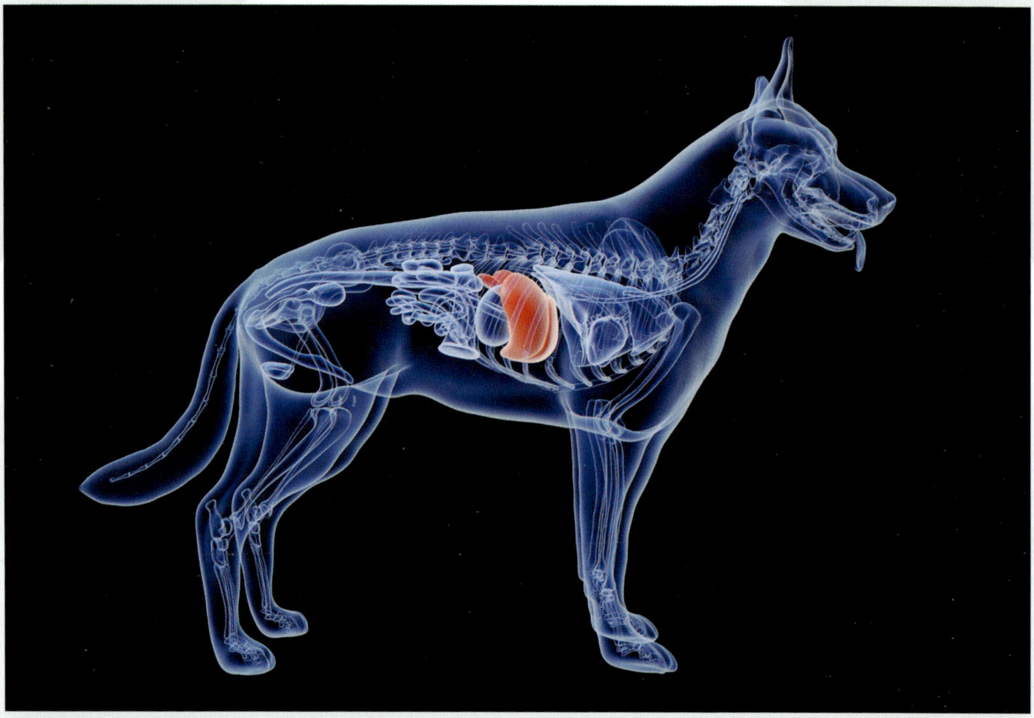

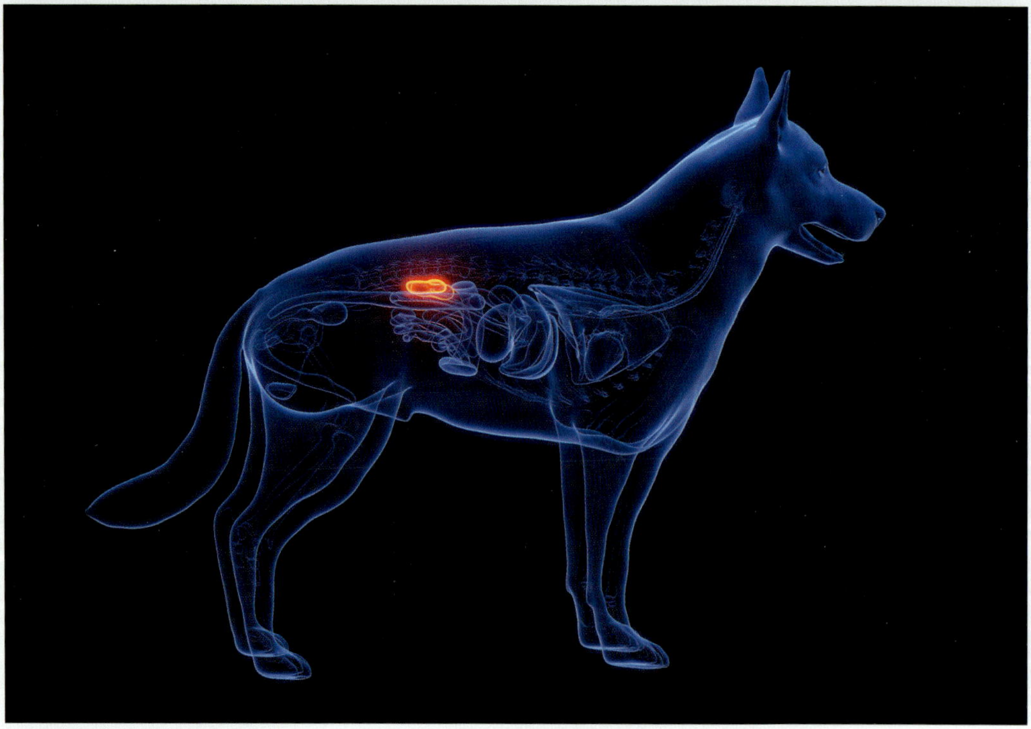

Grafik: SciePro/stock.adobe.com

Zürich. Das Blut in einem Hund macht circa 8 bis 9 Prozent seines Körpergewichts aus. Durch eine 60-kg-Dogge fließen also etwa 5 Liter Blut, ein 6-kg-Jack-Russell verfügt über rund einen halben Liter.

Der gesamte Lebenssaft durchläuft täglich ungefähr 300 Mal das Filtrationssystem der Nieren, noch genauer die Nierenkörperchen. Jedes davon hat ein Gefäßknäuel, in dem das Blut filtriert wird. Daran schließt sich ein gewundenes Kanalsystem an. Je nach Bedarf gelangen darüber Wasser, Elektrolyte und andere Substanzen aus dem Filtrat zurück in parallel dazu verlaufende kleine Blutgefäße oder werden zusätzlich ausgeschieden. Von diesen Funktionseinheiten (Nephronen) aus Nierenkörperchen und Kanalsystem hat jede der 2 Nieren etwa 400.000 Stück. Die Größe der Niere, die direkt unter der Brust- und Lendenwirbelsäule liegt, hängt davon ab, wie groß der Hund ist. Ein Anhaltspunkt zur Orientierung wird beim Röntgen sichtbar: »Die Niere ist ungefähr zweieinhalb bis dreieinhalb Mal so lang wie der zweite Lendenwirbel«, sagt Dr. Dorsch. Bis sie nach der Geburt ausgereift sei, dauere es eine Weile: Noch bis zum 21. Lebenstag bildeten sich Nephrone. Die Funktion steigere sich, bis die Niere dann ab dem 77. Lebenstag ihre volle Leistungsfähigkeit erreicht habe. Auch wenn es um die Größe der Leber geht, schauen sich Tierärzte deren Umgebung an: »Normalerweise steht sie hinter den Rippenbögen etwas heraus«, erklärt Dr. Stefan Unterer. »Ist sie zu klein, liegt sie nur noch im Brustkorb unter den Rippen.« Das wiederum weise darauf hin, dass sich das Organ durch krankheitsbedingte Umbau- und Abbauvorgänge verändert habe.

Regulations-Genie Niere

Die Niere ist bekanntermaßen dafür zuständig, Giftstoffe und Abfallprodukte von Stoffwechselprozessen aus dem Blut zu filtern und über den Urin – ein gesunder Hund produziert davon pro Kilogramm Körpergewicht und Stunde 1 bis 2 Milliliter – aus dem Körper zu befördern. Sie arbeitet aber auch als Regulator, etwa beim Wasserhaushalt. Dr. Dorsch beschreibt, wie das klappt: »Zum einen messen Osmorezeptoren die Konzentration des Blutes, die Osmolarität. Zum anderen prüfen Druckrezeptoren, wie gut die Blutgefäße gefüllt sind. Ist das Blut sehr stark konzentriert, werden Hormone ausgeschüttet, die bewirken, dass die Niere vermehrt Wasser für den Organismus zurückhält. Das passiert ebenso, wenn ein niedriger Druck in den Blutgefäßen gemessen wird. Ist jedoch der Druck hoch und die Osmolarität niedrig, etwa nachdem der Hund viel getrunken hat, bekommt die Niere über Botenstoffe mitgeteilt, dass sie wenig Wasser rückresorbieren und viel ausscheiden muss.«

Ihr Hund sollte täglich zwischen 40 und 80 ml Wasser pro Kilogramm Körpergewicht aufnehmen. »Die Menge hängt von der metabolischen Körpergröße ab«, sagt Dr. Dorsch. »Kleine Hunde haben vergleichsweise eine größere Körperoberfläche und trinken deshalb mehr.« Habe ein Hund vermehrt Durst, solle man keinesfalls den Zugang zu Wasser beschränken, denn das Tier brauche die Flüssigkeit. Wichtig sei dann aber, in der Tierarztpraxis die Ursachen finden zu lassen.

Die Stellenbeschreibung der Nieren umfasst auch die Herstellung einiger Hormone, darunter das für die Blutbildung wichtige Erythropoetin. Das schütten sie aus, wenn im Organismus zu wenig rote Blutzellen vorhanden sind und damit zu wenig Sauerstoff zur Verfügung steht. Es stimuliert das Knochenmark, vermehrt rote Blutzellen zu bilden. Außerdem produzieren die Nieren Calcitriol, das im Kalzium-Stoffwechsel eine bedeutende Rolle erfüllt, und mischen in der Regulation des Blutdrucks mit. Als wäre das nicht schon viel Arbeit, halten sie auch noch den Elektrolyt-Haushalt und den Säure-Basen-Haushalt auf Kurs.

Abwehr-Ass Leber

Die Leber beweist in Sachen Multitasking ebenso viel Talent. Als erste Stelle, in die das Blut aus dem Magen-Darm-Trakt (Kapitel 8) fließt, fungiert sie wie eine Barriere »und somit als immunologisches Organ«, sagt Dr. Unterer. Sie wehrt nämlich Bakterien ab: »Davon schaffen es auch bei gesunden Hunden – und Menschen – immer mal wieder welche aus dem Darm in den Blutstrom.« Eine zentrale Rolle spielt die Leber auch als metabolisches Organ: Sie speichert etwa Zucker und setzt ihn nach Bedarf frei. Zudem produziert sie Gallensaft, der bei der Fettverdauung hilft, und baut im Magen-Darm-Trakt angefallene Stoffe wie Ammoniak um.

Ohne die Leber als Entgifter käme es innerhalb von Minuten zu Problemen: »Der Hund bekäme Bewusstseinsstörungen und Krämpfe, weil das Gehirn Ammoniak sofort als Toxin erkennen würde«, erklärt der Experte. Genau das passiert, wenn ein Hund einen sogenannten Leber-Shunt hat – quasi eine Umgehungsstraße, die Blut an der Leber vorbeileitet. Je nachdem, wie groß der Shunt ist, variieren die Symptome. Diese Erkrankung tritt laut des Tiermediziners zwar insgesamt nicht so häufig auf, unter den angeborenen Fehlbildungen, die bei jungen Hunden zu neurologischen Problemen führen, sei sie aber doch eine der wichtigsten Ursachen. Ohne den unermüdlichen Einsatz

Foto: Ievgen Skrypko/stock.adobe.com

der Leber würden auch Wunden schnell gefährlich, denn: »Fast alle Gerinnungsfaktoren, die der Körper für die Blutgerinnung braucht, werden in der Leber gebildet.«

Langer Atem bei Problemen

Je älter der Hund wird, desto mehr nimmt die Funktionsleistung der Nieren und Leber ab – das ist auch beim Menschen so »und bis zu einem gewissen Grad ein normaler Alterungsprozess«, betont Dr. Dorsch. Es kann aber auch zu krankheitsbedingten Einschränkungen kommen, die keineswegs normal sind und leider oft zu lange unerkannt bleiben. Das liegt daran, dass beide Organe so gut wie möglich Probleme kompensieren und überaus leidensfähig sind. »Die klinischen Symptome einer chronischen Nierenerkrankung treten in der Regel spät in deren Verlauf auf«, führt die Spezialistin an. »Sie sind äußerlich erst bemerkbar, wenn 60 Prozent der Nierenkörperchen nicht mehr funktionieren: Dann kann der Hund den Urin nicht mehr gut konzentrieren, trinkt mehr und setzt mehr Urin ab.«

Dr. Dorsch weist insbesondere auf Glomerulopathien als Ursachen chronischer Nierenerkrankungen hin. Ausgelöst werden sie häufig durch Infektionskrankheiten wie

Leishmaniose, Ehrlichiose oder Dirofilariose. Der Filtrationsprozess in den Nierenkörpcherchen, der normalerweise Eiweiße zurückhält, funktioniert dann nicht mehr richtig. Die Nieren reagieren auf die hohe Eiweißkonzentration im Filtrat damit, dass schleichend Nephronen absterben. »Das fällt niemandem auf, wenn man nie den Urin untersucht«, betont die Tierärztin. »Daher sollte man ihn bei der jährlichen Gesundheitsvorsorge unbedingt untersuchen lassen.«

Auch die Blutwerte geben Auskunft darüber, wie gut die Nieren funktionieren. Vergleicht man die Werte über die Jahre und bemerkt bei gleichbleibendem Gewicht etwa einen Anstieg des Kreatinins, auch nur innerhalb des Normalbereichs, deutet das darauf hin, dass die Nierenfunktion abnimmt: »Im Anfangsstadium kann man sehr viel unternehmen, um den Krankheitsprozess aufzuhalten. Leider sehen wir immer wieder Hunde, bei denen es schon zu spät ist«, berichtet die Expertin. Dr. Unterer ergänzt: »Auch um Leberprobleme früh zu erkennen, ergibt es absolut Sinn, beim Gesundheitscheck die relevanten Werte zu messen.« Zeige die Auswertung, dass bestimmte Enzymwerte im Blut erhöht sind – selbst wenn es dem Tier gut zu gehen scheine – seien gezielte Untersuchungen nötig. Der Tierarzt rät dazu, ab einem Alter von 3 Jahren jährlich das Blut untersuchen zu lassen. Die Erfolgschancen der Therapiemöglichkeiten steigen, wenn sie früh im Krankheitsverlauf begonnen werden.

Auch akutes Nierenversagen ist leider relativ häufig. »Das kann infektiös bedingt sein«, sagt Dr. Dorsch. »Die Leptospirose etwa tritt immer noch regelmäßig auf. Lassen Sie Ihr Tier mit dem L4-Impfstoff immunisieren, der 4 Serovare, also Untertypen des Erregers, enthält. Wiederholungsimpfungen müssen jährlich passieren. Wurde eine verpasst oder vorher ein Impfstoff verabreicht, der vor weniger Serovaren schützt, muss noch einmal eine Grundimmunisierung erfolgen, 2 Impfungen im Abstand von 3 bis 4 Wochen.« Eine Vergiftung, etwa mit Rosinen, Frostschutzmittel oder Entkalker, bringt die Organe ebenfalls in Gefahr.

Die zweithäufigste Erkrankung der Leber – nach der chronischen Entzündung – ist eine Kupferspeicherkrankheit, wie Dr. Unterer erklärt. »Die betroffenen Hunde können mit dem Kupfergehalt in der Nahrung nicht so gut umgehen. Es wird zu viel davon abgelagert, was zu einer Schädigung führt und in der Folge zu einer Entzündung.« Der Labrador etwa neigt dazu, zu viel Kupfer einzulagern. Auch Dobermänner und West Highland White Terrier sieht der Spezialist immer wieder mit ähnlichen Problemen.

So können Sie vorbeugen

Etwas Gutes tun Sie den beiden lebenswichtigen Organen und damit Ihrem Hund, indem Sie ihn gesund und ausgewogen ernähren. Hochwertige, gut verdauliche Inhaltsstoffe halten die Belastung bei Verdauung, Entgiftung & Co. gering. Zudem ist weniger manchmal mehr, etwa bei Nahrungsmittelergänzungen: Auch manche vermeintlich harmlosen pflanzlichen Stoffe können etwa mit Phytohormonen Vorgänge im Körper beeinflussen. Sprechen Sie also die Experten Ihres Vertrauens darauf an. Nehmen Sie Check-up-Termine wahr: nicht nur, aber insbesondere, wenn Ihr Hund zu einer Rasse gehört, die vergleichsweise häufig Leber- oder Nierenprobleme bekommt – oder Medikamente wie Schmerzmittel nimmt, auf die seine Organe empfindlich reagieren. Viel abwechslungsreiche Bewegung hält das Herz fit, damit es stets genug Blut in Umlauf bringen kann, und beugt belastendem Übergewicht vor. So sorgen Sie dafür, dass die unsichtbaren Mitarbeiter im Innern Ihres Lieblings lange unter den besten Bedingungen ihren Job erledigen und Hilfe bekommen, wenn sie diese brauchen – das ist uns ihr unermüdlicher Einsatz wert!

Foto: privat

Dr. med. vet. Roswita Dorsch, Diplomate ECVIM-CA (Internal Medicine), ist Dozentin und leitet zudem die Spezialsprechstunde für Erkrankungen des Harntrakts an der Medizinischen Kleintierklinik der LMU München.

www.medizinische-kleintierklinik.de

Foto: privat

Dr. med. vet. Stefan Unterer, Diplomate ECVIM-CA (Internal Medicine), ist Professor für Innere Medizin Kleintiere an der Vetsuisse-Fakultät der Universität Zürich und Direktor der Klinik für Kleintiermedizin.

www.tierspital.uzh.ch

SPANNENDE FACTS

Leber/Nieren

Eine Frage der Leistung

Ob die Nieren ihre Aufgaben erfüllen, lässt sich an den Blutwerten der Stoffwechselendprodukte Kreatinin und Harnstoff erkennen: Je schlechter die Arbeit, desto höher die Werte im Blutbild. Die Nieren filtern pro Minute rund 1,2 l Blut, also 1.700 Liter täglich. Wir scheiden nur rund ein Prozent der Flüssigkeit, die erzeugt wird, aus: Ein bis zwei Liter Urin verlassen den Körper, 178 Liter gewinnt er zurück.

Hart im Nehmen

Lebererkrankungen gehören laut der Deutschen Leberstiftung (DLS) weltweit zu den häufigsten Todesursachen. Oft verlaufen sie zunächst unbemerkt, da die Leber schmerzunempfindlich ist, sich begrenzt selbst reparieren kann und ihre Funktionen bis zu einem gewissen Schädigungsgrad aufrechterhält.

Gezielt unterstützen

Auch unsere Nieren freuen sich über gesunde Ernährung und bewusstes Entspannen, da sich Stress negativ auswirkt. Viel Bewegung in der Natur stärkt den Körper und fördert die Pumpleistung des Herzens.

Die Nebennieren

In der Nähe der Nieren befinden sich die Nebennieren. Sie produzieren Stoffe, die der Körper braucht, um die reguläre Zellfunktion aufrechterhalten zu können: Glukokortikoide und Mineralokortikoide. Mit dem Blut gelangen die Hormone überall hin. Zu den Glukokortikoiden zählt das Kortisol, von dem Sie vielleicht im Zusammenhang mit Stress schon einmal gehört haben. Ist zu viel oder zu wenig davon vorhanden, kann das zu Problemen führen. Auch das Adrenalin wird in den Nebennieren gebildet.

Indiz Urinfarben

Je nachdem, wie viel Wasser er enthält, wird der frisch abgesetzte Urin eines Hundes blassgelb bis dunkelgelb-orangefarben und klar sein. Ein Blick ab und an – das ist natürlich bei Schnee besonders einfach – empfiehlt sich, denn Farbveränderungen können auf gesundheitliche Probleme hinweisen. Eine rote, braune oder schwarze Färbung etwa kommt durch Blut zustande. Ist der Urin überaus hell oder gar farblos, könnte das mit einer hohen Flüssigkeitsaufnahme zusammenhängen. Diese muss nicht unbedingt auf eine Erkrankung hinweisen, kann aber eines der Symptome von z. B. Diabetes mellitus sein.

Pinkeln auf Signal

Hunde können lernen, auf ein Signal hin Urin abzusetzen, gerade, wenn Sie das schon mit dem jungen Tier üben. Von Nutzen sein kann das etwa auf Reisen. Damit Ihr Hund Signal und Handlung verknüpfen kann, sagen Sie einfach jedes Mal Ihr gewünschtes Wort, wenn er pinkelt. Sie können es auch ein paar Mal wiederholen. Versuchen Sie, das Signal immer in der gleichen Stimmlage auszusprechen und auch stets gleich zu betonen.

Foto: Lena Schwar...

8

DAS VERDAUUNGS-SYSTEM UND INTESTINALE MIKROBIOM

Unsere Hunde und wir (fr)essen, um zu leben, und so mancher lebt auch, um zu (fr)essen. Aber wie geht die Reise nach dem Mäulchen weiter? Begeben wir uns an Bord des Intercani Express, folgen wir der Nahrung und entdecken Gefilde, die in jedem von uns – Mensch und Hund – einer unglaublichen Zahl an Untermietern ein Zuhause bieten!

Nach unserer flotten Aufzugfahrt die Speiseröhre hinab haben wir soeben den Ösophagussphinkter passiert, der wie ein Ventil unerwünschten Gegenverkehr verhindert und

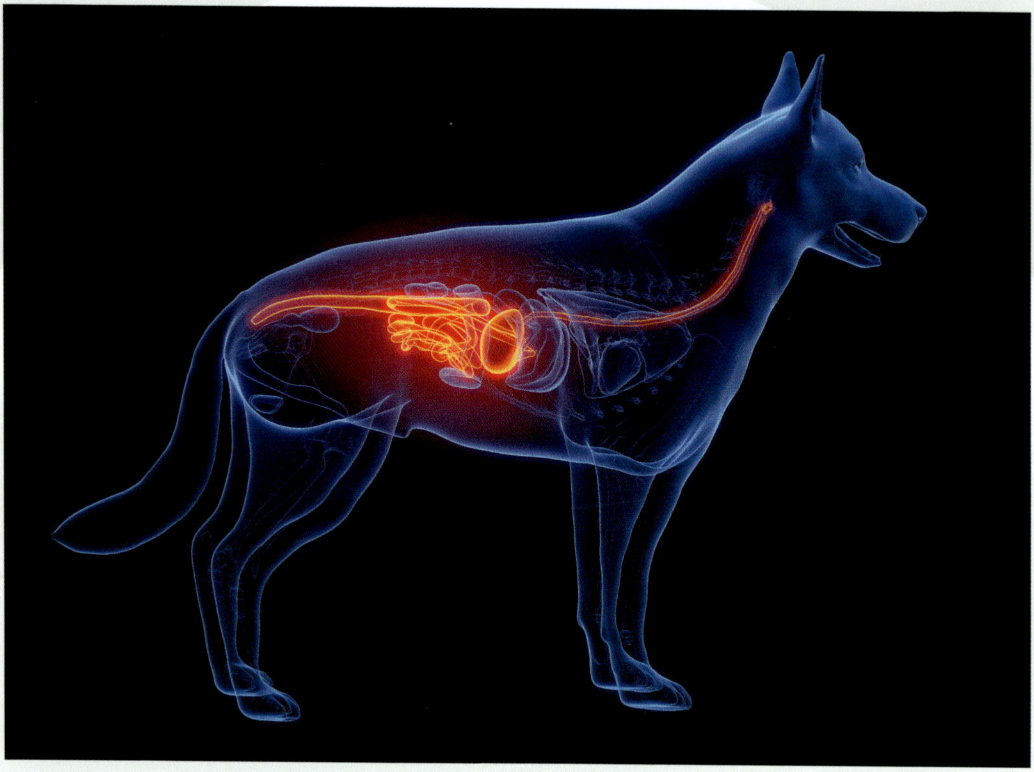

Grafik: SciePro/stock.adobe.com

uns freie Fahrt ermöglicht. Nun erreichen wir auch schon unseren ersten Zwischenstopp. Leichten Schwindel erleben Sie während dieses Abschnitts unserer Erlebnisreise völlig gratis, da die Nahrung im Magen nun gut mit der vor Ort hergestellten Säure durchmischt werden muss. Übrigens produziert die Magenschleimhaut mehr Säure, wenn Futter in den Magen gelangt. Dadurch sinkt der pH-Wert, der im nüchternen Zustand ungefähr bei 6,0 liegt, auf 3,0 bis 2,0. Das schafft beste Arbeitsbedingungen für das Enzym Pepsin. Wir verabschieden uns an dieser Station herzlich von allen mitgereisten Proteinen. Sie starten hier ihre Vorverdauung und werden aufgespalten.

Übrigens: Die Wand des Hundemagens ist so dehnbar, dass sich dessen Speicherkapazität im Vergleich zum leeren Zustand beim erwachsenen Tier bis um das Achtfache erhöhen lässt. Dehnungsrezeptoren, dank derer Signale sich ein Sättigungsgefühl einstellen kann, wurden zwar verbaut, senden die Botschaft aber sehr spät. Im Nahrungsbrei setzen wir nun zusammen mit den vorverdauten Proteinen – oder Polypeptidketten – sowie mit Fetten, Kohlenhydraten und weiteren Passagieren die Tour durch den Verdauungskanal fort. Wir bedanken uns bei der Darmwandbewegung für den zügigen Transport.

Vom Dünn- zum Dickdarm

Blicken Sie zurück und winken Sie noch einmal dem Magenpförtner, der uns just als Teil der ersten Portion von mehreren in den längsten Teil unserer Abenteuerreise passieren ließ. Der Dünndarm misst je nach Hund 2 bis 5 Meter Länge. In diesem Abschnitt des Verdauungstraktes läuft der Großteil der Nährstoffaufnahme ab. Glukose aus den verdauten Kohlenhydraten, Fettsäuren aus den Fetten und Aminosäuren aus den Proteinen verlassen uns durch die Darmschranke – unsere beste Türsteherin, die Nährstoffe durchwinkt und Schädlinge abweist– und reisen weiter zur Leber. An diese geht für die Bereitstellung des alkalischen Gallensafts zur Fettverdauung und Neutralisierung des sauren Mageninhalts ebenso ein herzliches Dankeschön wie an die Bauchspeicheldrüse und Darmwand für die Verdauungsenzyme, welche das Aufspalten von Kohlenhydraten und der vorverdauten Proteine ermöglichen.

Unsere verbleibende Reisezeit beträgt voraussichtlich zwischen 10 und 30 Stunden – abhängig von Faktoren wie dem Alter und der Rasse des Hundes, der Anatomie des Magen-Darm-Kanals sowie der Zusammensetzung der Nahrung. Sicher sagen können wir, dass im sich anschließenden Dickdarm noch Elektrolyte und Wasser aufgenommen werden, bevor wir das sprichwörtliche und tatsächliche Licht am Ende des Tunnels erblicken und unsere Endstation erreichen.

Die Mitbewohner

Wenden wir uns nun den zu Kapitelbeginn erwähnten Untermietern des Verdauungstraktes zu, deren Anzahl ebenso erstaunlich ist wie die Vielzahl an Diensten, die sie leisten! Bezeichnet werden sie z.B. als intestinale Mikrobiota. Diese Gesamtheit der Mikroorganismen im Verdauungstrakt umfasst eine Menge Bestandteile. »Moment«, denken Sie sich jetzt vielleicht. »In der Kapitelüberschrift steht doch Mikrobiom und nicht Mikrobiota, was hat es denn damit auf sich?« Nun: Für die Gesamtheit der Gene aller Mikrobiota wird der Begriff »Mikrobiom« verwendet. Dieser kommt aber oft auch zum Einsatz, wenn über die Gemeinschaft der Mikroben an sich gesprochen wird. In dieser Funktion begegnen Sie ihm auch in diesem Buch.

Die prominentesten Vertreter des Mikrobioms sind die Bakterien. Daneben zählen zahlreiche andere Gruppen dazu, die in engen Kontakt mit ihnen stehen. »Unter anderem sind das Archaeen – ebenfalls einzellige Mikroorganismen ohne Zellkern, die sich aber im Aufbau ihrer Strukturen von Bakterien unterscheiden –, Viren, Pilze, Protozoen und auch Bakteriophagen. Letztere sind Viren, die in Bakterien leben und diese beeinflussen«, erklärt Dr. Kathrin Busch. Die Tierärztin ist auf Gastroenterologie spezialisiert und an der Kleintierklinik der LMU München tätig.

Das Faszinierende: Die Mikroorganismen und Viren existieren nicht einfach nebeneinander. »Vielmehr haben sie gegenseitige Auswirkungen aufeinander. Viren beeinflussen Bakterien, Bakterien beeinflussen Protozoen und so weiter. Das heißt, alle haben einen gewissen Einfluss auf die anderen – nicht nur wie viele sie sind, sondern sogar was sie produzieren, also welche Metaboliten sie herstellen«, erklärt die Expertin. Es handelt sich um eine Lebensgemeinschaft, die sich gegenseitig beeinflusst und deswegen auch so komplex ist, dass die Forschung im Moment erst an der Oberfläche des Ganzen kratzt.

Dr. Busch nennt als ein Beispiel 2 Bakterienarten: Clostridium hiranonis und Clostridioides difficile. Sie wirken sich unterschiedlich auf den Körper aus. Letzteres ist ein Stäbchenbakterium, das überall in der Umwelt vorkommt und auch den Darmtrakt von Mensch und Hund besiedeln kann. Vermehrt es sich dort zu stark, führt es beispielsweise zu Durchfall. Clostridium hiranonis hingegen unterstützt den Organismus, indem es im Darm primäre Gallensäuren in sekundäre umwandelt. Diese haben wiederum die Fähigkeit, Entzündungen zu hemmen und Erreger zu unterdrücken. »Wir wissen, dass weniger Clostridium hiranonis Bakterien vorhanden sind, wenn difficile überhandnimmt«, erklärt die Tierärztin. Glücklicherweise stehen aber Maßnahmen zur Verfügung, mit denen dieses Ungleichgewicht zurechtgerückt werden kann. »Nehmen dadurch die difficile wieder ab, schafft es auch hiranonis, wieder aufzutreten, vermehrt vorhanden zu sein und damit auch wieder seinen Job zu machen.«

Eine coole Gemeinschaft

Stellen wir uns die zahlreichen Mikroben als eine Wohn- und Lebensgemeinschaft vor und den Verdauungstrakt als deren große Wohnung. Die Mikroben und Viren quetschen sich nicht alle gemeinsam in die Küche, sondern verteilen sich auf verschiedene Zimmer. Und da gibt es Riesenunterschiede. »Wir wissen, dass über den Magen-Darm-Trakt ganz massive Veränderungen in der Besiedelung und Menge stattfinden«, sagt die Expertin. Los geht's quasi im Eingangsbereich – mit dem oralen Mikrobiom.

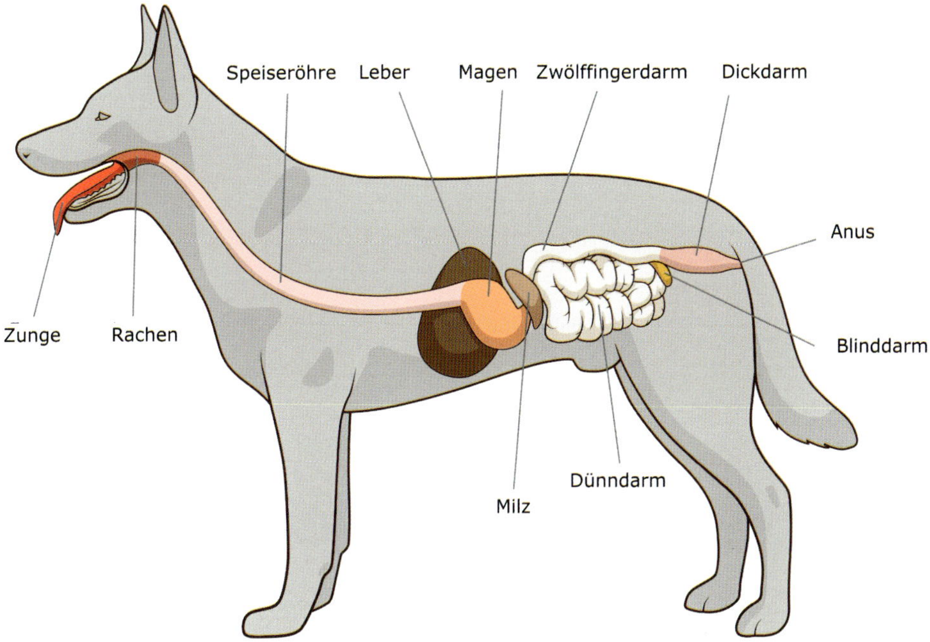

Grafik: Oleksandr Pokusai/stock.adobe.com

Im Maul fängt der Verdauungstrakt schließlich an. »Mittlerweile widmet man diesem Bereich auch viel mehr Aufmerksamkeit«, weiß Dr. Busch. Allerdings hält sich das Wissen über das orale Mikrobiom des Hundes noch in Grenzen. Aktuell werden viele Erkenntnisse zu den Mikrobengemeinschaften in und auf dem Hund aus der Human- auf die Veterinärmedizin übertragen. »Die Annahme lautet: Hund und Mensch sind sich in vielen Erkrankungen so ähnlich, vermutlich gibt es auch viele Parallelen, was das intestinale Mikrobiom angeht. Beweise dafür haben wir zum jetzigen Zeitpunkt jedoch noch nicht«, merkt die Tierärztin an.

Über das Mikrobiom des Enddarms hingegen wissen Dr. Busch und ihre Kolleginnen sowie Kollegen schon einiges. Mithilfe von Kotuntersuchungen können sie nämlich Informationen darüber sammeln. »Wir finden im Enddarm die größte Anzahl an Bakterien und auch die höchste Diversität«, erklärt die Expertin. Der Enddarm ist also quasi der WG-Bereich mit den meisten und unterschiedlichsten Mitbewohnern. Weiter vorne, im Magen etwa, seien hingegen vor allem Laktobazillen und Helicobacter ansässig. Die Menge und Diversität der Mikroorganismen steigen an, je tiefer hinein es in den Verdauungstrakt geht.

Beeindruckende Zahlen

Für den Bereich des Dick- und Enddarms allein geben Fachleute aktuell über 500 verschiedenen Bakterien-Spezies als Teil des Mikrobioms an. Diese Zahl können wir uns ja noch halbwegs gut vorstellen. In komplizierte Gefilde rücken wir vor, wenn es um die Gesamtzahl von Mikroorganismen und Viren geht, die zum intestinalen Mikrobiom gehören. Die aktuell akzeptierte Zahl von Mikroben im menschlichen Verdauungstrakt beläuft sich auf etwa 100 Billionen (eine 1 mit 12 Nullen). Zum Vergleich: Die Zahl der Sterne in der Milchstraße wird mit 100 bis 200 Milliarden angegeben. Die WG in Ihrem Inneren hat also viel mehr Mitbewohner als unsere Heimat-Galaxie Sterne hat – Wahnsinn, oder? Auch unser Heimat-Planet kann nicht mithalten: Die Erdbevölkerung hat laut der UN Mitte November 2022 die 8-Milliarden-Marke (eine 8 mit 9 Nullen) geknackt.

Die Angaben zum intestinalen Mikrobiom von Tieren beginnen bei 40 Milliarden Mikroben, gehen aber auch noch weiter nach oben. »Die Karnivoren, wie etwa Katzen, liegen da eher im unteren Bereich, bei Omnivoren wird es etwas mehr sein«, erläutert die Tierärztin. Eine absolute Zahl anzugeben sei aber sehr schwierig. Darüber hinaus können die Zahlen auch von Individuum zu Individuum auseinandergehen.

Foto: Tatyana Gladskih/stock.adobe.com

Foto: Voyagerix/stock.adobe.com

Entstehung und Einflüsse

Das intestinale Mikrobiom in seiner Gänze entsteht nicht gemeinsam mit dem Fötus im Mutterleib. Wie gelangt es also in seine Wohnung? Nun ja, der Einzug findet nach – bzw. während – der Geburt statt. »Diese Erstbesiedelung funktioniert bei Mensch und Hund gleich«, sagt Dr. Busch und erklärt: »Auf unserem Weg nach draußen nehmen wir schon unsere ersten Bakterien auf, etwa Laktobazillen. Das geschieht entweder bei der Passage des Geburtskanals oder beim Kaiserschnitt.« So oder so spielen die Mutter sowie deren Mikroben eine entscheidende Rolle. Tatsächlich konnte aber gezeigt werden, dass sich die Mikrobiome von Kindern, welche auf natürlichem Wege das Licht der Welt erblicken, von denen unterscheiden, die per Kaiserschnitt geholt wurden. Auch die Aufnahme von Muttermilch, der Kontakt zur Haut der Mutter, die ihren Nachwuchs leckt, sowie der Kontakt zur Umwelt spielen eine Rolle bei der Bildung des Mikrobioms. Allerdings wird dabei nichts in Stein gemeißelt: »Was am ersten Tag da ist, durchläuft noch eine ziemliche Veränderung, bis es nach ungefähr 8 bis 12 Monaten ein stabiles Gleichgewicht findet, wo es dann – wenn alles gut läuft – auch bleibt.«

Foto: Lena Schwarz

Der Idealzustand basiert also auf Balance. Bis zu einem gewissen Grad lässt sich das Mikrobiom formen; so richtig aus der Bahn geworfen werden kann es aber nur durch ein paar Faktoren. »Einen großen Einfluss auf das Mikrobiom haben Erkrankungen«, führt die Expertin ein Beispiel an. Endokrinologische Beschwerden oder auch Tumore wurden bei uns Menschen bereits in Zusammenhang mit entsprechenden Veränderungen gebracht – auch bei Hunden und Katzen mit chronischen Enteropathien konnten Veränderungen im Mikrobiom festgestellt werden. Noch nicht erforscht ist, inwiefern natürliche Prozesse wie das Altern – das ja an zahlreichen Stellen für Veränderungen im Organismus sorgt – einen Einfluss auf das Mikrobiom haben (abgesehen davon, dass sich im Alter bestimmte Krankheiten häufen, die sich auf die Mikrobengemeinschaft auswirken können).

Auch die Ernährung hat eine große Auswirkung auf das Mikrobiom sowie dessen Zusammensetzung und so auch die Möglichkeit, es aus dem Gleichgewicht zu bringen. »Die Diät kann wahnsinnig viel beeinflussen«, betont Dr. Busch. Beim Mikrobiom sei der Spruch »Du bist, was du isst« schon in gewisser Weise zutreffend. Als Beispiel für eine potenziell ungünstige Grundvoraussetzung nennt sie Rationen mit sehr hohem Fettgehalt, sehr niedrigem Kohlenhydratanteil und wenig Fasern, wie etwa bei manchen Barf-Rationen: »Da kann es tatsächlich zu deutlichen Verschiebungen kommen, bis hin zu negativen Veränderungen.« Bei der Zusammenstellung roher und selbstgekochter Rationen ist es also wichtig, auch ans Mikrobiom zu denken und daran, wie wir es gegebenenfalls übers Futter beeinträchtigen.

Knackpunkt Antibiotika

Der Erzfeind der Lebensgemeinschaft im Verdauungstrakt ist allerdings ein anderer: »Das, was ein Mikrobiom am meisten ‚hasst', sind Antibiotika«, betont Dr. Busch. »Damit werfen wir es wirklich aus der Bahn.« Der Expertin ist es wichtig, den Einsatz dieser Arzneimittel gut zu durchdenken und auf das Nötigste zu beschränken. »Antibiotika führen zu vielen Veränderungen – und das häufig nicht nur während der Verabreichung. Vielmehr verändern sie das Mikrobiom für längere Zeit.« Das zeige auch eine Studie zu einem häufig eingesetzten Präparat mit den Bestandteilen Amoxicillin und Clavulansäure. Es sei für fast jede Indikation zugelassen und werde etwa bei akutem Durchfall gegeben. Die landläufige Meinung dazu bisher: Es hat ja kaum Nebenwirkungen. »Schauen wir uns aber das Mikrobiom an, sehen wir wirklich deutlich Veränderungen. Die Hunde haben das Präparat 7 Tage lang bekommen. Sie haben aber zum Teil mehr als 4 Wochen danach und vielleicht noch länger immer noch Veränderungen gehabt.«

Manche Tiere, darunter z. B. Katzen, seien teilweise überaus empfindlich, was die Gabe von Antibiotika angehe. Dann dauere es sehr lange, bis sich das Mikrobiom wieder einpendele. In dieser Zeit könnten zudem andere Probleme auftauchen, welche die Genesung sowie Wiederherstellung der Balance verzögern. Selbstverständlich spielt hier zusätzlich noch eine wichtige Rolle, dass die Resistenzlage der Bakterien immer problematischer wird.

Wichtig ist der Tierärztin noch ein weiterer Punkt: Vorsicht bei der Gabe von Antibiotika an Welpen und Junghunde. Sie bekommen oft Durchfall, da sie alles anschlabbern, ihr Immunsystem noch nicht so schlagkräftig und ihr Mikrobiom noch nicht so stabil ist. Aus der Humanmedizin sei bekannt, dass Kinder unter 2 Jahren, die Antibiotika bekommen, langfristig ein erhöhtes Risiko für Adipositas, Asthma, dermatologische Erkrankungen und auch chronische Darmerkrankungen haben. Vorsicht ist also geboten. Dr. Busch und ihre Kolleginnen und Kollegen haben z. B. Informationen über Hunde gesammelt, die im Welpenalter an Parvovirose erkrankt waren. Diese hoch ansteckende Virusinfektion schädigt die Darmbarriere. Meistens erhalten die Patienten als Teil der Behandlung auch ein Antibiotikum. »Tatsächlich entwickelten circa 30 Prozent dieser Hunde ein chronisches Magen-Darm-Problem«, berichtet die Tierärztin. Ihr geht es nicht darum, Antibiotika zu verteufeln. Sie spricht sich aber dafür aus, die Gabe genau zu überdenken und abzuwägen.

Was macht das Mikrobiom?

Wir haben bereits erfahren, dass Bakterien beispielsweise an der Umwandlung körpereigener Stoffe beteiligt sein können und so für den Organismus nützliche Substanzen produzieren. Die Liste der Auswirkungen des Mikrobioms auf Körper ist aber weitaus länger und ganz schön komplex. Für Forschende ist das natürlich spannend: »Im Moment ist Gastroenterologie wie ich finde, die beste Spezialisierung, weil man das Gefühl hat, überall beteiligt zu sein«, sagt auch Dr. Busch.

Ein Schlüsselwort, das im Zusammenhang mit dem intestinalen Mikrobiom fällt, ist »gut-brain axis« oder »Darm-Hirn-Achse«. Über dieses Netzwerk tauschen sich der Verdauungstrakt und das Gehirn aus. Sie nutzen dazu verschiedene Kommunikationswege, etwa metabolische, immunologische und mikrobielle Signale. So könnte der Verdauungstrakt in der Lage sein, beispielsweise die Stimmung und geistige Gesundheit zu beeinflussen. »Dabei handelt es sich sicher um eine der berühmtesten ‚Achsen', von der wir in den vergangenen Jahren immer mehr gehört haben«, weiß die Expertin. »Letztendlich hat der Darm zu jedem Teil des Organismus Kontakt: Wir haben eine gut-lung axis, eine gut-skin axis, eine gut-immunology axis, eine gut-liver axis ... Was sie alle gemeinsam haben, ist, dass sowohl Bakterien selbst als auch Metaboliten der Bakterien einen positiven oder auch negativen Effekt auf die anderen Organsysteme haben können.«

Allerdings sei es sehr schwierig, die Ursache-Effekt-Verbindungen klar zu zeigen und erforschen. So, wie wir bereits im Kapitel zur Haut und deren Mikrobiom auf die »Huhn-Ei-Frage« gestoßen sind, stellt sie sich mit Hinblick auf die Mikroben im Körperinneren teilweise eben auch. Aus der Humanmedizin etwa sei bekannt, so die Expertin, dass z.B. Menschen mit bestimmten gesundheitlichen Beschwerden wie Parkinsons oder Depressionen ein verändertes, intestinales Mikrobiom hätten. »Die große Frage ist immer: Lassen sich mit dem veränderten Mikrobiom auch diese Probleme erklären oder bedingt sich das gegenseitig?« Ähnliches gelte neben der Darm-Hirn-Achse auch für andere

Foto: Lena Schwarz

Organsysteme. So bestehe etwa auch ein enger Zusammenhang zwischen atopischer Dermatitis, also Umweltallergie, und dem Darm mit dem intestinalen Mikrobiom. »Zum jetzigen Zeitpunkt ist es noch schwierig zu sagen, ob die Veränderung im Darm Folge einer Erkrankung ist, die ohnehin schon besteht, oder ob sie eine Ursache ist«, mahnt Dr. Busch. Hippokrates war ja schon vor knapp 2.500 Jahren der Meinung, dass alle Erkrankungen im Darm ihren Ursprung haben.

Aktuelle Untersuchungen

»Ich denke, wir können nicht jede Erkrankung, die uns betrifft, auf den Darm oder das Mikrobiom schieben«, schränkt die Expertin ein. »Aber es besteht schon eine enge Verbindung. Und wir wissen aus immer mehr Studien, dass wir, wenn wir dieses Mikrobiom beeinflussen, auch den Phänotypen der Erkrankung, die das Individuum hat, beeinflussen können.« Aktuell arbeiten Dr. Busch und ihre Kolleginnen und Kollegen in verschiedenen Bereichen daran, mehr darüber herauszufinden. So möchten sie etwa bei Patienten mit idiopathischer Epilepsie durch Kottransplantation das Mikrobiom beeinflussen. Dazu kooperieren sie mit dem Neurologie-Team der LMU und sind auch im Austausch mit einem Team der Stiftung Tierärztliche Hochschule Hannover. »Auch, wenn wir da erst am Anfang stehen, haben wir bereits erste Erfolge«, berichtet die Tierärztin.

Bei adipösen Tieren versuchen die Mediziner, auf die Mikrobengemeinschaft im Darm einzuwirken, um die Gewichtsreduktion zu erleichtern. Darüber hinaus schauen sie gemeinsam mit den Dermatologie-Spezialisten mit Hinblick auf die atopische Dermatitis das Mikrobiom an. In Zusammenarbeit mit den Kollegen aus der Verhaltenssprechstunde untersuchen sie außerdem, ob das Mikrobiom Einfluss auf das Verhalten hat und wie sich das beeinflussen ließe. Auch diabetische Katzen stehen im Fokus der Arbeit. Schon seit mehreren Jahren nehmen Dr. Busch und das Team Kottransplantationen bei Hunden sowie Katzen mit IBD (entzündliche Darmerkrankung) vor und freuen sich dabei über sehr gute Erfolge. »Es gibt sehr viele Ansätze, auch aus der Humanmedizin, dass wir eben mit Kottransplantationen, der Diät, mit Präbiotika und Fasern einen positiven Effekt erzielen können. Wir werden viele Erkrankungen vielleicht nicht heilen, aber wir können z.B. die klinische Symptomatik verbessern oder eine gute Einstellung des Insulins erreichen«, zeigt sich die Expertin zuversichtlich.

Hilfsmittel hinterfragt

Auch Probiotika sollen der WG im Verdauungstrakt zuträglich sein, wenn es gerade Knatsch gibt. Ganz so einfach sei das allerdings nicht, wie Dr. Busch erläutert: »Werden dem Körper Probiotika zugeführt, ist das ein bisschen so, als würde man einen einzelnen Streitschlichter in eine große Gruppe zerstrittener Individuen schicken und der soll es richten. Das versucht er dann und macht es mal gut, mal nicht. Probiotika haben gewisse Vorteile, aber sie müssen gezielt eingesetzt werden. Man muss das richtige Probiotikum für das richtige Problem finden.« Zudem sei der Streitschlichter mit der Gabe des Präparats leider nicht fortan immer anwesend. »Nimmt man dieses Probiotikum wieder weg, dann wird das Verabreichte im Körper häufig auch wieder weniger und kann sich nicht wirklich etablieren. Für einen gewissen Zeitraum, in dem das Präparat erst einmal für etwas Ruhe im Chaos sorgen soll, ergebe die Gabe aber durchaus Sinn. »Wir setzen zu diesem Zweck gerne Probiotika ein«, erzählt die Tierärztin.

Langfristig nutzen sie vor allem auch sehr gerne Präbiotika und Fasern – als Futter für die Darmbakterien. »Wir können uns die richtigen ziehen, indem wir sie ganz gezielt füttern.

Damit hoffen wir, dass sie sich etablieren und halten können«, lautet die Erklärung. Seien von den Guten genug da, machten sie sich dann schon breit. Es komme zu einer kompetitiven Hemmung »Die Mikroben konkurrieren um Nährstoffe, um Mineralstoffe und Spurenelemente. Sie können sogar antibakterielle Toxine abgeben«, weiß die Expertin. Es werden also so richtig die Ellbogen ausgefahren. Salmonellen, E. coli, Clostridioides difficile etc. haben dann erst einmal keine Chance mehr, sich auszubreiten. Welche Präbiotika zum Einsatz kommen, hängt von den Beschwerden der Patienten ab. Bei Dickdarm-Problematiken nutzt das Team an der LMU gerne nicht fermentierbare Fasern wie Zellulose und Flohsamenschalen (Psyllium). »Bei Dünndarm-Erkrankungen nehmen wir auch sehr gerne Fermentierbares, wie Polysaccharide und Frukto-Oligosaccharide, Inulin, Pektin und manchmal auch eine Mischung. Von den wirklich ganz kurzkettigen Präbiotika zu den langkettigen Fasern, die fast gar nicht aufgeknackt werden, ist relativ viel bei uns im Einsatz«, erzählt Dr. Busch.

Forschung und Verantwortung

Die Forschung steht – sowohl mit Hinblick auf den Menschen als auch auf das Tier – an vielen Stellen noch am Anfang. Die Wissenschaftler haben die Verantwortung, Daten zu sammeln und auszuwerten, sich dabei aber nicht zu voreiligen Aussagen verleiten zu lassen und eventuell zu überinterpretieren. »Manche Studien gehen einen Tick zu sehr ins Detail und verlieren sich darin«, merkt Dr. Busch an. Wer 500 Bakterien-Spezies hat und irgendeine sieht, die in einem Organismus vorhanden ist, aber in einem anderen nicht, und dann findet ein statistischer Unterschied zwischen diesen Gruppen statt, ist noch gar nicht klar, ob das relevant ist oder Zufall. Die Expertin erwartet, dass noch viele Erkenntnisse folgen werden und eventuell auch aufgrund neuer Informationen bisher Angenommenes angepasst werden muss. »Es bleibt spannend!«

Foto: Anja Hagen

Dr. med. vet. Kathrin Busch, Diplomate ECVIM-CA (Internal Medicine), ist Oberärztin der Fachrichtung Gastroenterologie an der Medizinischen Kleintierklinik München.

www.medizinische-kleintierklinik.de

SPANNENDE FACTS
Verdauung/Mikrobiom

Darm im Längenvergleich
Pflanzenfresser wie Schafe haben im Vergleich zu Fleischfressern wie Katzen und Fleisch-Allesfressern wie Hunden einen längeren Darmkanal.

Ein eigenes Nervengeflecht
Der Magen-Darm-Trakt könnte ohne Einfluss des vegetativen Nervensystems (Kapitel 4) weiterarbeiten, also z. B. seinen Inhalt transportieren. Das liegt daran, dass seine Funktionen durch ein eigenes Nervengeflecht in der Darmwand geregelt werden, das enterische Nervensystem.

Bitte Platz lassen
Die mögliche Maximalkapazität eines Hundemagens beläuft sich auf 75 bis 90 ml pro Kilogramm Körpergewicht. So voll sollte er aber nicht werden. Für den Organismus und die Verdauung sind mehrere kleinere Portionen angenehmer.

Gut geschichtet
Die Darmbarriere besteht aus der Darmschleimhaut, dem Darmschleim und einer Bakterienschicht. Die nützlichen Mikroben im Verdauungstrakt sorgen z. B. dafür, dass auf den Schleimhäuten genug Schleim vorhanden ist. Sie sind auch daran beteiligt, Vitamine und kurzkettige Fettsäuren zu produzieren.

Das Mykobiom
Die im Mikrobiom enthaltenen Pilze werden auch unter dem Begriff Mykobiom zusammengefasst.

Pro- und Präbiotika

Probiotika sind Präparate, über die dem Körper bestimmte lebende Bakterienkulturen zugeführt werden können. Bei Präbiotika hingegen handelt es sich quasi um Nahrung für die Bakterien im Verdauungstrakt. Der Hundekörper allein könnte sie nicht aufspalten, um Nutzen daraus zu ziehen.

Bei Durchfall

Durchfall kann viele Ursachen haben – ob er akut ist oder chronisch. Dazu zählen etwa Fütterungsfehler, zu schnelle Futterumstellungen, Allergien, mangelnde Fütterungshygiene, Entzündungen (z. B. Gastritis), Infektionen, Parasiten (Giardien, Spul-, Band- oder Hakenwürmer), Vergiftungen, chronische Erkrankungen, Erschöpfung und auch Stress. Von akutem Durchfall ist fast jeder Hund im Laufe seines Lebens irgendwann betroffen. Passiert das sehr selten und dauert nicht lange an, ist es in der Regel unbedenklich. In den meisten Fällen normalisiert sich die Verdauung schnell und der Kot wird wieder fest. Betroffene Hunde sollten 12 bis 48 Stunden lang kein Futter bekommen, um den Darm zu entlasten. Frisches Trinkwasser bekommen sie natürlich weiterhin. Im Anschluss an das Fasten empfiehlt es sich, behutsam zum Füttern zurückzukehren, mit 3 bis 4 kleinen Mahlzeiten pro Tag.
Hält der Durchfall länger an und zeigt der Hund weitere Symptome wie Erbrechen, Appetitlosigkeit und Schwäche, ist die Lage unter Umständen ernster. Besondere Vorsicht ist bei Welpen (und vorerkrankten und/oder älteren Hunden) geboten: Für sie wird anhaltender Durchfall und der damit verbundene Verlust von Wasser und Elektrolyten noch schneller gefährlich. Ein Besuch beim Tierarzt ist nötig!

Foto: Lena Schwar

9

DAS LYMPHSYSTEM

Zu guter Letzt hat auch ein Bestandteil des Hundekörpers unsere Aufmerksamkeit verdient, ohne den unsere Lieblinge – ebenso wie wir Menschen auch – ziemlich alt aussähen, und an den wir trotzdem im Alltag wohl am seltensten denken. Warum? Nun, beantworten Sie die folgende Frage: Was haben Aschenputtel und das Lymphsystem gemeinsam?

Genau: So richtig in Erscheinung treten sie für die um sie herum erst, wenn es mit dem Hausputz nicht richtig klappt. Dabei leisten beide im Verborgenen tagein, tagaus richtig viel! Diese Analogie mag zunächst etwas an den Haaren herbeigezogen klingen (ups, falsches Märchen), aber sie funktioniert durchaus: Aschenputtel fegt, kehrt und lässt Hülsenfrüchte sortieren – die Guten ins Töpfchen, die Schlechten ins Kröpfchen! Das Lymphsystem sammelt und reinigt die Flüssigkeit, die im Gewebe anfällt, und sorgt mit seinen Organen dafür, dass Abwehrzellen nicht nur wissen, auf welche Erreger und Fremdstoffe sie losgehen sollen, sondern auch an die richtigen Orte gelangen.

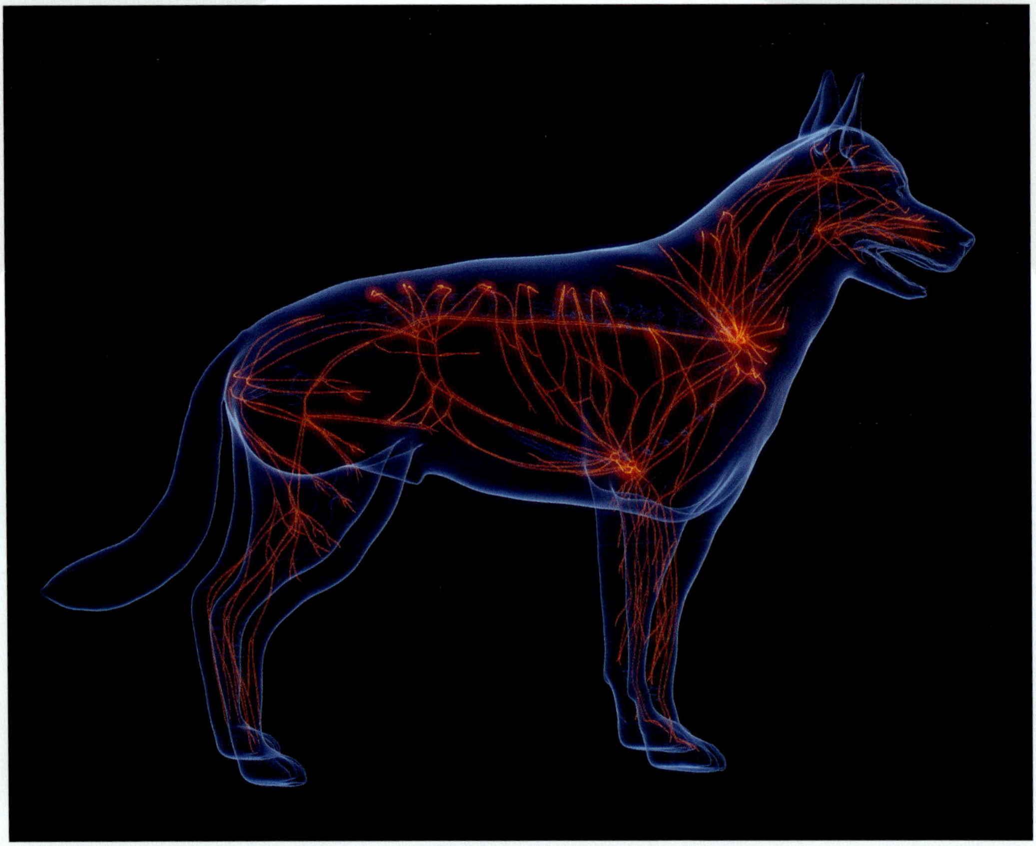

Grafik: SciePro/stock.adobe.com

Wo Flüssigkeit zu Lymphe wird

Das Lymphsystem (oder lymphatische System) zieht sich als Netzwerk parallel zum Blutgefäßsystem durch den Körper. Es beginnt fein verästelt mit Lymphkapillaren offen im Gewebe, um dort die Flüssigkeit aufnehmen zu können, die den Raum zwischen den Körperzellen und Blutgefäßen umspült. »Diese Flüssigkeit stammt aus den Blutkapillaren und hat zum einen die Aufgabe, die Zellen in Ergänzung zum Blutkreislauf mit Nährstoffen wie Zucker, Proteinen und Fetten zu versorgen«, erklärt Apl. Prof. Dr. Bernd Schröder, Experte für Tierphysiologie und Fachbuchautor. »Zum anderen nimmt sie Abfallprodukte des Stoffwechsels aus den Zellen auf, die zu groß sind, um in die dünnen Blutgefäße zu gelangen.« In ihr sammeln sich darüber hinaus abzutransportierende Zellen und Zelltrümmer, Eiweiße und Fette – diese reisen ebenfalls aufgrund ihrer Größe auf diesem Weg –, Salze, aber auch Bakterien und Viren. »All diese Bestandteile werden als lymphpflichtige Last bezeichnet«, ergänzt der Experte. Sobald diese Flüssigkeit ins Lymphsystem aufgesaugt wurde, wird sie zur sogenannten Lymphe. Dieser Begriff leitet sich vom lateinischen Wort »lympha« ab, was so viel bedeutet wie »Quellwasser« oder »klares Wasser«. Je nachdem, aus welchem Teil des Körpers sie stammt, sieht die Lymphe klar und durchsichtig bis milchig (in den Darmlymphgefäßen nach der Verdauung) aus. »Die Lymphe hat in etwa ein Fließverhalten wie Olivenöl in einer Flasche«, weiß der Fachmann.

Alles im Fluss

Um die Flüssigkeit aufnehmen und transportieren zu können, benötigt das Lymphsystem die Hilfe der umliegenden Muskulatur und Gelenke. Apl. Prof. Dr. Schröder erläutert: »Indem Ihr Hund – oder auch Sie selbst – sich bewegen, entsteht Druck auf die feinen Lymphkapillaren, der den Transport ermöglicht.« Die Bedeutung der Muskulatur für den Lymphfluss erklärt auch, warum es zu Stauungen kommen kann, wenn sich ein Mensch oder Tier nur wenig bewegt: Kaum Muskelkontraktionen bedeuten geringen Lymphtransport. Das führt wiederum zu Schwellungen oder Ödemen. Diese können z.B. auch nach einem chirurgischen Eingriff entstehen, wenn mehr Gewebeflüssigkeit und abzutransportierende Stoffe anfallen, das Lymphsystem der Aufgabe aber nicht hinterherkommt. Mit unangenehmen Folgen, wie Apl. Prof. Dr. Schröder betont: »Der erhöhte Druck im Gewebe drückt auf Nervenendigungen, deren Signale dem Gehirn das Signal ‚Schmerz' vermitteln.«

Aus den auf Unterstützung angewiesenen Lymphkapillaren werden mit zunehmender Nähe zum Rumpf größere und dickere Gefäße, die selbst aktiv dazu beitragen, die Lymphe zu bewegen. »Dazu zieht sich glatte Muskulatur in den Gefäßwänden mehrmals pro Minute zusammen. Zudem sorgen Gefäßklappen dafür, dass die Lymphe nicht in die falsche Richtung zurückfließt«, weiß der Tierphysiologe. Die Abschnitte, die durch ihre Kontraktionswellen zum Transport beitragen, lassen sich von außen gezielt anregen. Das wird genutzt, um bei gewissen Lymphödemen den Körper zu unterstützen: Bekannt ist diese Art von Massage als manuelle Lymphdrainage. Fachkundig durchgeführt kann sie sowohl bei uns Menschen als auch bei Hunden dabei helfen, dass die Lymphe besser fließt und sich Stauungen auflösen.

Anders als das Blutgefäßsystem, das einen Kreislauf darstellt und durch das Herz angetrieben wird, handelt es sich beim Lymphsystem um ein Netzwerk aus »Einbahnstraßen«, die alle in die gleiche Richtung führen. Die Gefäße vereinigen sich zu Lymphsammelstämmen, die schließlich in den rechten und linken Venenwinkel münden. So gelangt die Flüssigkeit in die obere Hohlvene und damit in den Blutkreislauf. Das ist für das Immunsystem wichtig, wie wir gleich noch sehen werden.

Jetzt wird gefiltert

Der Abtransport der Flüssigkeit aus dem Gewebe sorgt nicht nur dafür, dass ständig neue dort Platz findet und der Organismus weiterarbeiten kann, ohne anzuschwellen. Das Lymphsystem übernimmt neben der Aufgabe als Müllabfuhr auch die Funktion als Kläranlage. Hier kommen die Lymphknoten ins Spiel – genau, die Stellen, die z.B. bei einer Erkältung anschwellen und weh tun. Sie bestehen aus lymphatischem Gewebe, das von einer Bindegewebskapsel umhüllt wird. Anzahl, Größe und Form der Lymphknoten unterscheiden sich von Tierart zu Tierart, bei allen aber ähneln sie im Aussehen Kidneybohnen. »Sie sind sehr gut durchblutet, was dem Stoffaustausch nützt«, führt der Experte aus. »Allerdings bietet diese Möglichkeit leider auch den Nachteil, dass wandernde Krebszellen sich mittels dieses ‚Postweges' schnell und effizient bis in andere Organe und schließlich im ganzen Körper verbreiten können.«

Gemein haben Lymphknoten die Arbeit als Filtrierstationen: Sie ziehen mithilfe weißer Blutkörperchen schädliche Elemente aus der Lymphe heraus und können sogar Fremdkörperchen sowie Gewebetrümmer auflösen. Die Lymphe fließt langsamer durch die Lymphknoten als durch die Lymphgefäße, damit sie gründlich gereinigt werden kann. Das ist ein spannender Vorgang, wie Apl. Prof. Dr. Schröder erläutert: »In Lymphknoten treffen Lymphozyten auf Antigene (bzw. deren Abbauprodukte) auf antigenpräsentierenden Zellen: Im äußersten Eintrittsbereich überwiegen Makrophagen, die Fremdkörper »fressen« können, daneben dominieren in der äußeren Rinde sogenannte B-Zellen, in der inneren Rinde die T-Zellen. Die B-Zellen produzieren Abwehrstoffe, die Antikörper. Diese richten sich jeweils spezifisch gegen ein als körperfremd erkanntes Antigen. Das kann in Lymphknoten, aber auch im Blut selbst passieren. Die T-Zellen erkennen Antigene, also körperfremde Strukturen, wenn sie von körpereigenen Zellen auf ihrer Oberfläche präsentiert werden. Am Ausgang des Lymphknotens sammelt sich die Lymphe, um letztendlich wieder in die Blutbahn zurückgeschleust zu werden.« Lymphknoten sitzen paarweise im Körper, einer jeweils für jede Körperhälfte. Oberflächlich ertastbar sind bei unseren Hunden die Unterkieferlymphknoten, Ohrspeicheldrüsenlymphknoten, oberflächlichen Halslymphknoten, Achselhöhlenlymphknoten, oberflächlichen Leistenlymphknoten sowie

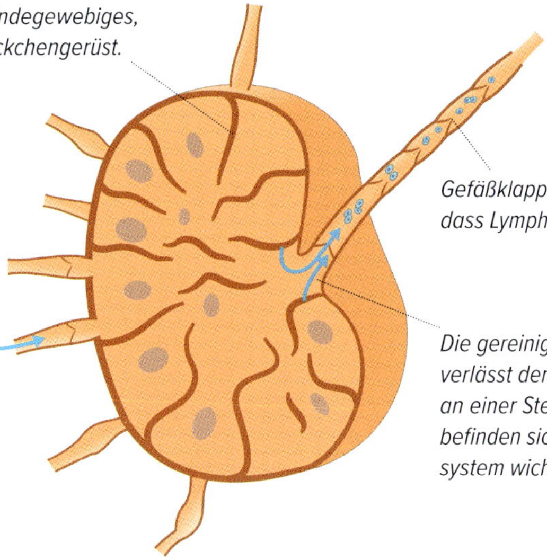

Grafik: ellepigrafica/stock.adobe.com

Kniekehlenlymphknoten. Tierärztinnen und Tierärzte lernen das natürlich. Für Laien hingegen kann es gerade bei gesunden Hunden mit »unauffälligen« Lymphknoten schwierig sein, diese zu finden.

Geschwollene Lymphknoten

Auffälliger treten die Lymphknoten bei verschiedenen gesundheitlichen Problemen in Erscheinung, indem sie ein- oder beidseitig anschwellen. Das deutet für gewöhnlich darauf hin, dass das Immunsystem versucht, Schädlinge loszuwerden und dazu auf Hochtouren arbeitet. Fühlt sich etwa ein Kniekehlenlymphknoten dick an, steckt dahinter eventuell eine verletzte Kralle. Geschwollene Leisten- oder Achselhöhlenlymphknoten hängen womöglich mit einer Gelenkinfektion zusammen. Ein entzündeter Zahn kann dazu führen, dass ein Kieferlymphknoten anschwillt. Sind gleich mehrere Lymphknoten angeschwollen und verhärtet, kann das etwa mit inneren Verletzungen und einem Bakterien- oder Virenbefall zusammenhängen. In jedem Fall ist ein Besuch beim Tierarzt des Vertrauens anzuraten. Er klärt die Ursachen genauer ab und kann die passende Behandlung einleiten. In der Tierarztpraxis können Sie sich auch zeigen lassen, wo und wie Sie die ertastbaren Lymphknoten bei Ihrem Liebling finden.

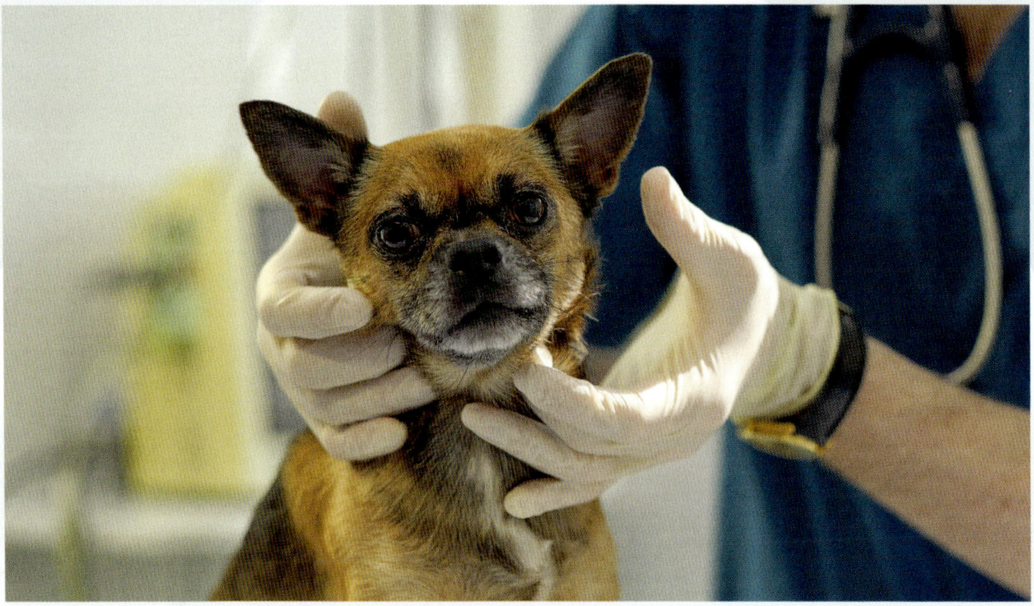

Foto: yavdat/stock.adobe.com

Das Lymph- und Immunsystem

Wie bereits angeklungen ist, sind das Immunsystem und das Lymphsystem untrennbar miteinander verbunden. Im Knochenmark, das zu den primären Lymphorganen gezählt wird, werden aus multipotenten hämatopoetischen Stammzellen, die unter Kontrolle des Nierenhormons Erythropoetin (»EPO«) stehen, Vorläuferzellen der Bund T-Lymphozyten – eben auch B- und T-Zellen genannt – gebildet. Diese wandern zur Heranreifung ins Lymphsystem weiter. »Die Heranreifung steht unter Kontrolle etlicher Wachstumsfaktoren und ist ein komplizierter Vorgang«, weiß der Tierphysiologe. »Ohne das Lymphsystem würde die körpereigene spezifische Abwehr nicht vollständig funktionieren, da die beteiligten B- und T-Zellen dort erst lernen, was sie abzufangen haben.«

Dabei spielt der Thymus – der des Kalbes ist Ihnen vielleicht als Kalbsbries geläufig – eine wichtige Rolle: Er gehört ebenfalls zu den primären Lymphorganen, liegt am Brustbein und ist eine Art Schule, in der die Vorläufer-T-Zellen lernen, worauf sie sich im Rahmen der Abwehr stürzen sollen. Das wissen sie nämlich nicht von allein. Nur die T-Zellen, welche diese Ausbildung erfolgreich durchlaufen haben, dürfen danach ausgereift an die Arbeit gehen. »Der gesamte Vorgang wird als Thymopoese bezeichnet, also die Reifung und Differenzierung von hämatopoetischen Vorläuferzellen zu reifen T-Zellen im Thymus, aber auch in den Lymphknoten« sagt der Fachmann. Zellen, die diese Selektion nicht bestehen, werden für gewöhnlich ausgemustert. Ohne den Aufenthalt im Lymphsystem wären sie also nicht in der Lage, ihren Job zufriedenstellend zu erfüllen.

Spannenderweise verfügen unsere Hunde – und auch wir – nicht das ganze Leben lang über einen derart funktionierenden Thymus. Er entwickelt sich nämlich mit der Zeit zurück und schrumpft. Das Immunsystem kommt damit aber zurecht, sind doch noch andere Bereiche im Körper fleißig an der Abwehr beteiligt. Teil des Lymphsystems sind zudem die sogenannten sekundären Lymphorgane. Zu ihnen zählen z.B. die Lymphknoten, ebenso wie die Milz und die Mandeln. Alles ist miteinander verbunden – jedes Rädchen im Getriebe muss funktionieren, damit der Körper sich stets gegen Erreger wehren kann. Mit diesen sieht er sich ständig konfrontiert. Wenn das Lymph- und Immunsystem richtig arbeiten, fallen diese »Scharmützel« im Alltag aber gar nicht auf.

Den Körper unterstützen

Läuft alles so, wie es soll, entsteht eine Art Kreislauf: Die Lymphozyten zirkulieren zwischen Lymph- und Blutgefäßsystem und können zum Teil auch ins Gewebe wandern. Erledigen die Abwehrzellen ihre Arbeit im Alltag zufriedenstellend, bleibt der Hund gesund, da Erreger keine Chance bekommen, »Fuß zu fassen«. Auf diesen unsichtbaren, stets anhaltenden Einsatz können wir von außen nicht direkt Einfluss nehmen. Wir können die körpereigene Abwehr und das Lymphsystem aber genauso wie alle anderen Organe auch unterstützen, indem wir den Lebenswandel unserer Vierbeiner möglichst gesund gestalten.

Foto: Tonon-Fotodesign

Der Tierphysiologe **Apl. Prof. Dr. rer. nat. Bernd Schröder** war viele Jahre an der TiHo Hannover Dozent in Allgemeiner und Spezieller Physiologie sowie in der Forschung tätig.

Buchtipp:
Bernd Schröder
Die außergewöhnlichen Sinnesleistungen unserer Hunde
ISBN 978-3-275-02257-1

SPANNENDE FACTS

Lymphsystem

Das Knochenmark

Im Knochenmark werden fast alle Blutzellen gebildet. Dort entstehen auch die Vorläufer der Lymphozyten. Durchschnittlich wiegt das Knochenmark eines Erwachsenen übrigens etwa 2,6 Kilogramm. Es wird mit dem Thymus zu den sogenannten primären lymphatischen Organen gezählt. Als sekundäre lymphatische Organe gelten z.B. die Lymphknoten, Mandeln, Milz sowie Anteile der Darmschleimhaut.

Späte Entdeckung

Lange wurde angenommen, dass das Gehirn keine Verbindung zum Lymphsystem hat. Forschende haben 2015 jedoch herausgefunden, dass Lymphkanälchen die äußere Hirnhaut parallel zu Blutgefäßen verlaufend durchziehen.

Aufgaben im Überblick

Zu den Aufgaben, die das Lymphsystem erledigt, gehören der Abtransport von Flüssigkeit aus dem Gewebe sowie von Abfallstoffen, die Reinigung der Lymphe und Rückleitung ins Blut, die Abwehr von Erregern und die Verteilung von Immunzellen im Körper.

Stets im Fluss

Der menschliche Körper transportiert täglich etwa 2 bis 3 Liter Lymphe im Lymphsystem. Aufgrund von Faktoren wie Hitze, körperlichen Anstrengungen, manchen Erkrankungen und Medikamenten kann ein vielfaches des regulären Lymphvolumens entstehen. Unser Lymphsystem verfügt über circa 600 Lymphknoten. Es kommt vor, das Lymphknoten entfernt werden müssen. Je mehr fehlen, desto höher ist das Risiko, dass Lymphödeme (Stau von Lymphe im Körper) entstehen.

Dem Immunsystem Gutes tun

ndem wir unsere Hunde bedarfsgerecht und ausgewogen ernähren, auf geeignete Bewegung und den passenden Mix aus Spaß und Entspannung achten, tun wir dem gesamten Organismus und auch dem Immunsystem Gutes. Stressauslösende Reize im Alltag – physikalischer, sozialer, emotionaler und körperlicher Natur – sollten nicht Überhand gewinnen. Die Liste möglicher Belastungen ist lang. Je nach Hund tragen sie teilweise auch unterschiedlich große Bedeutung: Schmerzen, Parasitenbefall, Isolation, Angst, Reizüberflutung, hoher Leistungsdruck, sehr hohe oder niedrige Außentemperaturen, Umzüge und Reisen, fehlende Möglichkeit, sich zurückzuziehen.

Der Darm lässt grüßen

Die Lymphe aus dem Bereich des Verdauungstrakts sieht aufgrund der enthaltenen Lipoproteine – Komplexen aus Proteinen und Lipiden – trüber aus als Lymphflüssigkeit in anderen Körperbereichen. Sie trägt den Namen Chylus. Dieser Begriff leitet sich vom altgriechischen Wort »chylos« für Saft ab.

Lipödem und Lymphödem

Sie klingen ähnlich und sehen ähnlich aus, es handelt sich bei Lip- und Lymphödem allerdings um unterschiedliche Probleme. Ein Lipödem ist eine chronische Fettverteilungsstörung, die eher nicht mit Entzündungen einhergeht. Es kommt zu delliger Haut, die wohl am besten als Cellulite bekannt ist. Zu einem Lymphödem kommt es hingegen, wenn Lymphe im Körper gestaut wird. Zu einem solchen »Stau« kann es auch einseitig kommen, während Lipödeme symmetrisch auftreten. Bei einem Lymphödem können Entzündungen der Haut entstehen, die sich noch dazu schuppt und sehr gespannt ist. Die beiden Probleme können auch zeitgleich auftreten.

Foto: Lena Schwarz

SCHLUSSWORT

Mal ehrlich, wann schauen wir uns den Hundekörper schon einmal so genau mit allen seinen Körperteilen und Organen normalerweise an? Und wann machen wir uns schlau, über deren Funktionen, Aufgaben und Zusammenhänge? Genau, in der Regel oft erst dann, wenn irgendetwas nicht stimmt. Und dabei ist es so spannend – wenn es uns so gut aufbereitet und zudem noch medizinisch untermauert wie hier von Lena Schwarz präsentiert wird. Wir haben uns mit ihr auf eine Entdeckungstour begeben, bei der wir nicht nur ungewöhnliche WGs kennenlernen durften, sondern zugleich das Innerste unserer Hunde und das, was für ihre Gesundheit wichtig ist. Ganz nebenbei auch ein paar Fakten über entsprechende Körperbestandteile bei uns, und was wir gemeinsam haben oder eben auch nicht. Ob wir uns alles merken? Sicher nicht, aber dafür ist das Buch ja da, zum immer wieder gerne reinschauen und das Wissen auffrischen.

»Danke, Lena«, sagt ***Susanne C. Steiger,***
DER HUND *Chefredakteurin*

Viel Freude wünscht das Team von DER HUND Wissen

REGISTER

ISBN 978-3-275-02295-3

ISBN 978-3-275-02290-8